广西优秀传统文化
出版工程

"自然广西"丛书

飞鸟之言

赵序茅　孙　涛　林建忠　　著

微信 / 抖音扫码

广西科学技术出版社
·南宁·

图书在版编目（CIP）数据

飞鸟之言 / 赵序茅，孙涛，林建忠著 .—南宁：广西科学技术出版社，2023.9
（"自然广西"丛书）
ISBN 978-7-5551-1978-4

Ⅰ . ①飞… Ⅱ . ①赵… ②孙… ③林… Ⅲ . ①鸟类—广西—普及读物
Ⅳ . ① Q959.708-49

中国国家版本馆 CIP 数据核字（2023）第 170624 号

FEINIAO ZHI YAN

飞鸟之言

赵序茅　孙　涛　林建忠　著

出版人：梁　志	**装帧设计：**韦娇林　陈　凌
项目统筹：罗煜涛	**美术编辑：**梁　良
项目协调：何杏华	**责任校对：**吴书丽
责任编辑：罗绍松　何杏华	**责任印制：**韦文印

出版发行：广西科学技术出版社
社　　址：广西南宁市东葛路 66 号
邮政编码：530023
网　　址：http://www.gxkjs.com
印　　制：广西民族印刷包装集团有限公司

开　　本：889 mm×1240 mm　1/32
印　　张：6
字　　数：130 千字
版　　次：2023 年 9 月第 1 版
印　　次：2023 年 9 月第 1 次印刷
书　　号：ISBN 978-7-5551-1978-4
定　　价：36.00 元

总序

江河奔腾，青山叠翠，自然生态系统是万物赖以生存的家园。走向生态文明新时代，建设美丽中国，是实现中华民族伟大复兴中国梦的重要内容。

进入新时代，生态文明建设在党和国家事业发展全局中具有重要地位。党的二十大报告提出"推动绿色发展，促进人与自然和谐共生"。2023 年 7 月，习近平总书记在全国生态环境保护大会上发表重要讲话，强调"把建设美丽中国摆在强国建设、民族复兴的突出位置"，"以高品质生态环境支撑高质量发展，加快推进人与自然和谐共生的现代化"，为进一步加强生态环境保护、推进生态文明建设提供了方向指引。

美丽宜居的生态环境是广西的"绿色名片"。广西地处祖国南疆，西北起于云贵高原的边缘，东北始于逶迤的五岭，向南直抵碧海银沙的北部湾。高山、丘陵、盆地、平原、江流、湖泊、海滨、岛屿等复杂的地貌和亚热带季风气候，造就了生物多样性特征明显的自然生态。山川秀丽，河溪俊美，生态多样，环境优良，物种

丰富，广西在中国乃至世界的生态资源保护和生态文明
建设中都起到举足轻重的作用。习近平总书记高度重视
广西生态文明建设，称赞"广西生态优势金不换"，强
调要守护好八桂大地的山水之美，在推动绿色发展上实
现更大进展，为谱写人与自然和谐共生的中国式现代化
广西篇章提供了科学指引。

　　生态安全是国家安全的重要组成部分，是经济社会
持续健康发展的重要保障，是人类生存发展的基本条件。
广西是我国南方重要生态屏障，承担着维护生态安全的
重大职责。长期以来，广西厚植生态环境优势，把科学
发展理念贯穿生态文明强区建设全过程。为贯彻落实党
的二十大精神和习近平生态文明思想，广西壮族自治区
党委宣传部指导策划，广西出版传媒集团组织广西科学
技术出版社的编创团队出版"自然广西"丛书，系统梳
理广西的自然资源，立体展现广西生态之美，充分彰显
广西生态文明建设成就。该丛书被列入广西优秀传统文
化出版工程，包括"山水""动物""植物"3个系列共
16个分册，"山水"系列介绍山脉、水系、海洋、岩溶、
奇石、矿产，"动物"系列介绍鸟类、兽类、昆虫、水
生动物、远古动物、史前人类，"植物"系列介绍野生
植物、古树名木、农业生态、远古植物。丛书以大量的
科技文献资料和科学家多年的调查研究成果为基础，通
过自然科学专家、优秀科普作家合作编撰，融合地质学、
地貌学、海洋学、气候学、生物学、地理学、环境科学、

历史学、考古学、人类学等诸多学科内容，以简洁而富有张力的文字、唯美的生态摄影作品、精致的科普手绘图等，全面系统介绍广西丰富多彩的自然资源，生动解读人与自然和谐共生的广西生态画卷，为建设新时代壮美广西提供文化支撑。

八桂大地，远山如黛，绿树葱茏，万物生机盎然，山水秀甲天下。这是广西自然生态环境的鲜明底色，让底色更鲜明是时代赋予我们的责任和使命。

推动提升公民科学素养，传承生态文明，是出版人的拳拳初心。党的二十大报告提出，"加强国家科普能力建设，深化全民阅读活动"，"推进文化自信自强，铸就社会主义文化新辉煌"。"自然广西"丛书集科学性、趣味性、可读性于一体，在全面梳理广西丰富多彩的自然资源的同时，致力传播生态文明理念，普及科学知识，进一步增强读者的生态文明意识。丛书的出版，生动立体呈现八桂大地壮美的山山水水、丰盈的生态资源和厚重的历史底蕴，引领世人发现广西自然之美；促使读者了解广西的自然生态，增强全民自然科学素养，以科学的观念和方法与大自然和谐相处；助力广西守好生态底色，走可持续发展之路，让广西的秀丽山水成为人们向往的"诗和远方"；以书为媒，推动生态文化交流，为谱写人与自然和谐共生的中国式现代化广西篇章贡献出版力量。

"自然广西"丛书，凝聚愿景再出发。新征程上，朝着生态文明建设目标，我们满怀信心、砥砺奋进。

云游八桂 飞鸟天堂

高歌动听之音

飞鸟振翅青云

微信/抖音扫码

热爱 壮美广西

纪录片深度解读广西 爱上壮美八桂大地

鉴别 野生鸟类

图文盘点广西乃至中国鸟类 开阔自然知识视野

聆听 飞鸟之言

短视频讲解本书内容 快速获取核心观点

记录 阅读心得

在线读书笔记 随时记录阅读感受

目录

综述：降落人间的精灵

天高任鸟飞，鸟类是大自然中令人羡慕的精灵，是从天而降的吟游诗人，它们拥有人类所不及的飞行能力，可以自由翱翔于蓝天。我国现已记录的鸟类有近1500种，随着新种类的不断发现，这个数量还会增加。北回归线穿过的广西，依山傍海，其多样的生态系统、万千的地貌等，为鸟类创造了良好的生存空间。目前，广西已记录的鸟类有750余种，约占我国有记录的鸟类种类数量的50%。广西是我国候鸟向澳大利亚、日本迁飞的重要通道，肩负履行《关于特别是作为水禽栖息地的国际重要湿地公约》以及国际候鸟保护协定的重要职责。

鸟类栖息于不同的环境中，它们是自然界不可或缺的一部分。其一，鸟类是植物花粉和种子的重要传播者。部分鸟类在觅食的过程中会有意或无意地进行花粉传播，它们吞食果实后将未消化的种子随粪便排出体外，达到传播的目的，这对于植物的生存、繁衍具有积极的意义。其二，鸟类通过在食物链中所起作用控制害虫数量，保护农作物安全，维持生态平衡。如群栖的紫翅椋鸟、粉红椋鸟在繁殖期间可以大量消灭蝗虫，维护草原生态平衡。其三，鸟类通过食腐控制疾病的传播。鸟类中的食腐类猛禽、乌鸦等，以动物的尸体为食，清理腐尸的同时，阻断了细菌和病毒的传播，宛若地球上的"清道夫"。其四，鸟类在文学、宗教、神话中扮演重要角色，是人类的精神财富。如"天命玄鸟，降而生商"。

广西因生态环境独特成为鸟类的乐园，其鸟类种类数量位于全国第三，涵盖猛禽、鸣禽、陆禽、攀禽、涉禽、游禽等六大类别。

鸟类中的猛禽位于食物链的中上层，通过食物链维持生态平衡、消灭害虫和抑制疾病的传播，在生态系统物质循环中发挥着不可或缺的作用。广西北海是我国境内鸟类南北迁徙路线的必经地，全国拥有猛禽60多种，在北海冠头岭就能看到20多种，冠头岭堪称猛禽迁徙的集散地。

鸟类中的鸣禽是大自然的歌唱家，它们多数拥有高度发达的发音器，可以"唱"出婉转的歌曲。广西位于云贵高原和两广丘陵的过渡地带，地形以山地、丘陵为主，山地面积约占广西总面积的40%。宽广多样的地貌为森林中的鸣禽提供了广阔的演奏舞台。其中，弄岗穗鹛是第二种由我国动物学家发现并命名的鸟类，也是目前世界上唯一以广西地名来命名的珍稀鸟类。

　　鸟类中的陆禽多分布在森林和草原。广西有着广袤多样的生态环境，在境内分布的草原、森林、山地、冻原等生境中，以及耕地、灌丛、居民区周围都可以见到陆禽的身影。广西境内分布的黄腹角雉是我国特有鸟类，是国家一级重点保护野生动物，被称为"鸟中大熊猫"。在广西，黄腹角雉见于湘桂走廊以东的海洋山、都庞岭、萌渚岭一带，近期在大瑶山也有发现。

　　鸟类中的攀禽多盘旋于树木之上。广西境内常见的攀禽有啄木鸟、杜鹃、翠鸟等，它们主要活动于有树木的平原、山地、丘陵或悬崖附近。其中，外来逃逸的攀禽——亚历山大鹦鹉近年来现身广西。虽然我国不是其自然分布区，但是近年来在广西南宁的青秀山等公园经常可以看到亚历山大鹦鹉成小群活动。

　　鸟类中的涉禽和游禽喜在湿地环境中栖息。广西有漫长的海岸线和众多的河流、湖泊，为涉禽和游禽的觅食、繁衍、越冬提供了绝佳的栖息地。随着生态环境的改善，苍鹭、小白鹭等涉禽已经成为公园的常客。

　　鸟类有自己的语言，它们会通过鸣叫来相互传递信息、与人类互动。生态环境变好了，鸟类数量就多了。近年来，随着广西生态环境保护力度的加强，停留栖息在广西的野生鸟类多样性日益丰富。许多原来罕见的鸟类在公园、水库等地出现了。如中华秋沙鸭，被誉为"国宝鸭"，属于国家一级重点保护野生动物，全国不超过 2000 只。近年来，随着广西各地生态环境持续改善及广西观鸟人数的增加，中华秋沙鸭在广西区内被观测到的区域范围增加了，次数也逐渐多了起来。如在南宁市武鸣忠党水库、上林清水河，梧州市蒙山县茶山公园，百色市澄碧湖，柳州市鹿寨县，桂林市青狮潭、卫家渡，河池天峨龙滩自然保护区等地，观鸟爱好者均观察到了中华秋沙鸭。中华秋沙鸭是生态环境的指示物种，对栖息地生境要求极为苛刻，喜欢在水质清澈、食物资源充沛且人为活动干扰少的环境栖息繁殖。更多中华秋沙鸭能够在广西境内安家，有力证明了广西的生态环境不断改善。

随着鸟类的增加，鸟类成为人类生活环境里的一道亮丽的风景线。比如棉凫，有观鸟爱好者观测到，从 2020 年起，有一只棉凫连续三年都来到广西大学的碧云湖。如黑颈长尾雉是生活在广西的珍贵陆禽，在自然界的种群数量不足 500 只，在隆林、田林、西林、凌云、乐业 5 个县呈孤岛分布。广西师范大学生物系的李汉华教授决定将人工饲养的黑颈长尾雉"再引入"原产地，2003—2005 年 300 多只黑颈长尾雉进入田林岑王老山国家级自然保护区。据该保护区工作人员估计，2008 年以前野外的黑颈长尾雉数量有近千只，目前数量更多。

一些在广西分布的鸟类已经被世界自然保护联

盟（International Union for Conservation of Nature，IUCN）列为全球性濒危物种。其中被列为近危（near threatened，NT）物种的有白眉山鹧鸪、白眼潜鸭、斑胁田鸡、蛎鹬（yù）、距翅麦鸡、斑尾塍（chéng）鹬、黑头白鹮（huán）、秃鹫等31种；被列为易危（vulnerable，VU）物种的有小白额雁、东亚蝗莺、角䴙（pì）䴘（tī）、花田鸡、三趾鸥、硫黄鹀（wú）、白喉林鹟（wēng）、黄嘴白鹭等22种；被列为濒危（endangered，EN）物种的有大杓鹬、小青脚鹬、黑脸琵鹭、东方白鹳、丽鸠（shī）、栗头鳽（jiān）、草原雕、鹊鹞等11种；被列为极危（critically，CR）物种的有青头潜鸭、勺嘴鹬、中华凤头燕鸥、白腹军舰鸟、蓝冠噪鹛、黄胸鹀6种。

除了生态环境的改善，广西鸟种的增加还得益于人类对鸟类的爱护。近年来，观鸟运动在全国推广、普及，在宣传保护鸟类的同时，对于本地区鸟类新纪录种的发现厥功至伟。近年来，广西共有近百名鸟类观察爱好者将观鸟记录上传到观鸟小程序，有效观察记录鸟类数据2.6万余条，观察记录地点覆盖广西14个地级市92个县（市、区）。其中，黄胸鹀、勺嘴鹬、中华秋沙鸭等种群较为稀少的鸟类多次在广西被发现。

生态文明的尺度在于人与动物之间的距离，飞鸟之言萦绕耳旁的关键在于人与自然和谐共生。

部分近危（NT）物种

白眉山鹧鸪

【鉴别特征】体长约 27 厘米，体形中等的鹑类。体羽多褐色，喉部和颈部具黄色、白色和黑色等形成的独特图案。额部和眉纹白色。

【栖息地】保存较好的阔叶林。

【行为】警惕性高，不容易被发现，结小群或成对活动，取食植物种子和昆虫。繁殖期早晚常发出独特的口哨声。

【保护级别】国家二级重点保护野生动物。

【分布及种群数量】中国特有种，见于我国东南部地区，为留鸟。

【鉴别特征】体长约 40 厘米，体形中等的鸭类。雄鸟体羽多栗色，头、背部暗褐色，白色的臀部较为明显，眼白色。雌鸟羽色相对较暗。

【栖息地】大型湖泊、河流、水库和海湾等。

【行为】常成群活动，潜水取食植物和鱼类。

【分布及种群数量】繁殖于我国北方地区，在南方地区越冬。广西偶见于南宁市区和宁明，为冬候鸟。

白眼潜鸭

斑胁田鸡

【鉴别特征】体长约 24 厘米，体形中等的秧鸡。头顶、背部深褐色，翼上具白色横纹，颏白色，头侧和胸部棕红色，腹部和尾下具白色细横纹。

【栖息地】多植被的水域生境。

【行为】常单独活动，夜行性，以水生动物为食。

【保护级别】国家二级重点保护野生动物。

【分布及种群数量】繁殖于我国东北和华北地区，迁徙途经华中和华东地区。广西偶见于桂林和北部湾地区，为罕见旅鸟。

【鉴别特征】体长约 44 厘米，体形稍大的鹬类。体羽以黑色和白色为主，喙和眼睛红色。

【栖息地】多岩石的沿海滩涂。

【行为】常成小群活动，以软体动物和甲壳类动物等为食。

【分布及种群数量】繁殖于我国北方沿海地区，在华南和东南沿海地区越冬。广西见于北部湾沿岸地区，较少见，为冬候鸟。

蛎鹬

距翅麦鸡

【鉴别特征】体长约 30 厘米，体形中等的涉禽。体羽多灰色、白色，但头顶、枕部、喉部、翼角和飞羽黑色。

【栖息地】多卵石的河滩，有时也到农田活动。

【行为】常单独或成对活动，以水生无脊椎动物为食。

【分布及种群数量】见于我国西藏、云南和海南等地。广西记录分布于北部湾地区，但仅于 2011 年 7 月在南宁市邕宁区观察到其活动，估计种群数量已经极为稀少，为罕见留鸟。

【鉴别特征】体长约 37 厘米，体形中等的涉禽。喙长且略上翘，近黑色，喙基粉红色。飞行时白色的尾基具灰褐色横纹，背白色明显，翼上无白色横斑，翼下白色且布满褐色细横纹。繁殖羽通体棕红色，下腹无黑色横纹。脚近黑色。

【栖息地】沿海泥滩、沼泽。

【行为】单独、成对或集成小群迁徙。

【分布及种群数量】不在我国繁殖，沿我国东部沿海地区迁徙。广西见于北部湾沿海区域，为冬候鸟，部分为旅鸟。

斑尾塍鹬

黑头白鹮

【鉴别特征】体长约 70 厘米，体形较大的水鸟。体羽全白，头颈裸露，皮肤黑色。黑色的喙长且弯曲，脚也为黑色。

【栖息地】大型水库、河流和滩涂等。

【行为】常与其他鹭类混群，觅食鱼类等水生动物。

【保护级别】国家一级重点保护野生动物。

【分布及种群数量】繁殖于我国东北地区，在长江以南地区越冬。广西分布于桂林和北部湾沿岸，已经多年未观察到其活动，为罕见冬候鸟。

【鉴别特征】体长约 110 厘米，大型猛禽。体羽黑褐色，头部裸露。飞行时翼指 7 枚，羽毛破碎状较明显。

【栖息地】开阔平原和低山丘陵地带。

【行为】常单独活动，以动物尸体为食。

【保护级别】国家一级重点保护野生动物。

【分布及种群数量】繁殖于我国北方地区和青藏高原。广西偶见于南宁、桂林和崇左等地，为罕见冬候鸟。

秃鹫

部分易危（VU）物种

【鉴别特征】体长约60厘米，体形较大的游禽。体羽多灰色，尾上覆羽和腹部白色，夹杂黑色块斑，喙粉红色，喙周围的白色斑块延伸至额部。

【栖息地】大型湖泊、河流、水库和海湾等。

【行为】常成群活动，觅食水生植物。

【保护级别】国家二级重点保护野生动物。

【分布及种群数量】在我国南方各地越冬。广西见于南宁、桂林、崇左、百色和北部湾沿岸，为罕见冬候鸟。

小白额雁

东亚蝗莺

【鉴别特征】体长约16厘米的中型褐色莺类。喙较粗壮，头颈和背部灰褐色，具不太明显的白色眉纹。胸、腹部白色，胸侧、两胁及尾下覆羽均为淡褐色或皮黄色。

【栖息地】近水芦苇、灌丛等。

【行为】性隐蔽。单个或成对活动于稠密的灌草中，主要觅食昆虫。

【分布及种群数量】繁殖于东北亚地区，迁徙经我国东部地区。广西仅记录于西北部和西南部，较少见，为罕见冬候鸟。

角鸊鷉

【鉴别特征】体长约33厘米。头顶至背部黑色，繁殖期贯眼纹和腹、尾部栗色。冬羽腹、尾部白色，颈部和脸部多白色，眼红色。

【栖息地】面积较大的水库和湖泊等。

【行为】单独或成对活动，主要以各种鱼类为食。

【保护级别】国家二级重点保护野生动物。

【分布及种群数量】繁殖于我国东北和西北地区，偶尔在华南地区越冬。广西曾在百色澄碧湖观察到其活动，估计为罕见冬候鸟。

【鉴别特征】体长约12厘米，体形最小的秧鸡。体羽多为褐色，头颈和背部具较粗的黑色纵纹和白色细小横斑。次级飞羽白色，飞行时可见翅膀有明显的白斑。

【栖息地】河流、水田、池塘和水库等。

【行为】半夜行性，常单独活动，主要以水生昆虫为食。

【保护级别】国家二级重点保护野生动物。

【分布及种群数量】繁殖于我国东北地区，在南方地区越冬。广西仅见于北海，种群数量较少，为罕见冬候鸟。

花田鸡

三趾鸥

【鉴别特征】体长约 41 厘米、体形中等、尾略呈叉形的鸥类。喙黄色，腿黑色，翼尖全黑色。越冬成鸟头颈和背部具灰色杂斑。第一年冬鸟喙黑色，顶冠和后领污黑色，背部具深色不完整的 W 形斑纹，尾端具黑色横带。

【栖息地】海洋，偶尔也在内陆水库活动。

【行为】单独或与其他鸥类混群活动，主要以鱼虾为食。

【分布及种群数量】不在我国繁殖，偶见在我国东部沿海地区和内陆地区越冬。广西仅分布于北部湾沿海地区和靖西，为罕见冬候鸟，估计也有部分为旅鸟。

【鉴别特征】体长约 14 厘米。头部偏绿，眼先及颏部近黑色，具显著的白色眼圈，翼具两道不明显的白色翼斑，两胁具模糊的黑色纵纹。雌鸟体羽颜色较暗淡。

【栖息地】低山丘陵和开阔平原地带的灌丛、草地、农田和林缘地带。

【行为】多单独或与其他鸦类混群觅食植物种子和果实。

【分布及种群数量】繁殖于日本，在我国南方地区越冬。广西仅在横州有观察记录，极少见，为冬候鸟。

硫黄鹀

【鉴别特征】体长约 15 厘米。头颈和背部褐色，尾部红褐色。眼大色深，眼圈白色。喙长且粗厚，下喙偏黄色。腿粉红色。

【栖息地】常绿阔叶林、次生林及林缘灌丛和城市公园的有林地带。

【行为】性胆怯，常单独或成对在森林下层活动，觅食飞行昆虫。

【保护级别】国家二级重点保护野生动物。

【分布及种群数量】见于我国东南部森林。广西各地林区均有分布，迁徙期间也见于各地城市公园，较少见，为夏候鸟和旅鸟。

白喉林鹟

黄嘴白鹭

【鉴别特征】体长约 68 厘米，体形中等的白色鹭鸟。喙和趾均为黄色。

【栖息地】水较浅的滩涂和鱼塘等。

【行为】多与其他鹭类活动，以小型鱼类为食。

【保护级别】国家一级重点保护野生动物。

【分布及种群数量】繁殖于我国东部岛屿，迁徙途经华东和华中地区。广西主要见于北部湾及其周边地区，内陆地区偶有分布，较为少见，为旅鸟。

部分濒危（EN）物种

大杓鹬

【鉴别特征】体长约 63 厘米，大型杓鹬类。喙甚长且下弯，通体深红褐色，下腹和臀红褐色，飞行时翼下布满褐色黑色横纹，无白腰，脚灰色。

【栖息地】沿海滩涂和附近的草地及农田地带。

【行为】单独或成松散的小群活动和觅食，常混于白腰杓鹬群中。

【保护级别】国家二级重点保护野生动物。

【分布及种群数量】不在我国繁殖，沿我国东部沿海地区迁徙。广西见于北部湾沿海区域，内陆地区偶有记录，极为少见，为旅鸟。

【鉴别特征】体长约 31 厘米，中型鹬类。外形似青脚鹬，但头大且颈粗，腿短且健壮。喙粗而钝且微向上翘，呈双色，喙黑色，基部黄。尾白色且横纹不明显。冬羽头至背部灰色略浅，鳞状纹较多。飞行时脚伸出尾后较少，翼下白色无细纹。脚黄色。

【栖息地】泥地或海边滩涂。

【行为】单独、成对或成小群在淤泥或沙滩上用喙搜寻食物。

【保护级别】国家一级重点保护野生动物。

【分布及种群数量】不在我国繁殖，沿我国东部沿海地区迁徙。广西见于北部湾沿海区域，极为少见，为冬候鸟，部分为旅鸟。

小青脚鹬

黑脸琵鹭

【鉴别特征】体长约 70 厘米，是体形较大的水鸟。全身羽毛白色，喙扁平似琵琶。前额、眼线、眼周至喙基的裸皮黑色。

【栖息地】沿海滩涂，偶尔也到内陆湿地活动。

【行为】单独或成小群活动，觅食鱼类。

【保护级别】国家一级重点保护野生动物。

【分布及种群数量】繁殖于我国东北和华北地区，在长江以南地区越冬。广西分布于北部湾沿岸，在贺州湿地也曾观察到其活动，为罕见冬候鸟或旅鸟。

【鉴别特征】体长约 110 厘米，体形很大的水鸟。体羽白色，两翼和喙黑色，腿红色。

【栖息地】大型水库、河流和滩涂等。

【行为】常单独或成小群活动，觅食鱼类。

【保护级别】国家一级重点保护野生动物。

【分布及种群数量】繁殖于我国东北和华北地区，在长江中下游湖泊越冬。广西仅于 20 世纪 90 年代在桂林附近偶有记录，为罕见冬候鸟。

东方白鹳

丽䴓

【鉴别特征】体长约20厘米。背部青灰色，头顶颜色稍淡，具较眼睛宽度约两倍的黑色贯眼纹。腹部污白色，臀部有栗色鱼鳞状斑纹。

【栖息地】年份较久的松树林和常绿阔叶林或混交林。

【行为】常单独或成对绕着树干转圈觅食，取食树皮下面隐藏的虫子。

【保护级别】国家二级重点保护野生动物。

【分布及种群数量】分布于我国西南地区。广西仅记录于靖西，极少见，为留鸟。

【鉴别特征】体长约60厘米，体形稍小的褐色鹭鸟。头颈和背部深褐色，具不明显的蠹斑。腹部皮黄色，具明显的褐色纵纹。

【栖息地】森林或林缘的溪流、河谷和水塘等。

【行为】单独或成对在夜间觅食鱼类。

【保护级别】国家二级重点保护野生动物。

【分布及种群数量】迁徙途经我国东部沿海地区。广西仅偶见于桂林和北部湾地区，为旅鸟。

栗头鳽

草原雕

【鉴别特征】体长约76厘米，大型猛禽。体羽深褐色，飞羽常具各种斑点，喙裂可达眼睛中后部，飞行时翼指7枚。

【栖息地】开阔的农田和水库附近。

【行为】单独或成小群活动，以小型哺乳动物和鸟类为食。

【保护级别】国家一级重点保护野生动物。

【分布及种群数量】繁殖于我国北方地区，在南方地区越冬。广西仅记录于南宁和河池宜州区，为偶见冬候鸟。

【鉴别特征】体长约28厘米，中等体形的林鸟。雄鸟头、翼黑色，体羽银白色具隐粉红斑，尾红褐色。雌鸟头、翼黑褐色，背部灰色，腹部白色并具黑纵纹。

【栖息地】次生阔叶林、山地森林。

【行为】常单独或成对活动，偶尔也见3～5只的小群，主要在高大乔木的树冠层觅食。

【保护级别】国家二级重点保护野生动物。

【分布及种群数量】分布于东南亚及我国东南部、西南部森林。在广西分布较为广泛，但种群数量极为稀少，为罕见夏候鸟。

鹊鹂

极危（CR）物种

【鉴别特征】体长约45厘米，为体形中等的鸭类。雄鸟头和颈黑色，眼白色，头颈和背部黑褐色，腹部和两胁白色。雌鸟纯褐色。

【栖息地】大型湖泊、河流、水库和海湾等。

【行为】常成群活动，潜水取食植物和鱼类。

【保护级别】国家一级重点保护野生动物。

【分布及种群数量】繁殖于我国东北地区，在南方地区越冬。广西见于南宁、百色、崇左和北部湾沿岸，为罕见冬候鸟。

青头潜鸭

勺嘴鹬

【鉴别特征】体长约15厘米，小型滨鹬。具特征性黑色的勺形喙。冬羽头颈和背部覆羽呈鳞片状，灰褐色，胸、腹部白色。繁殖羽头、颈、胸部均染棕红色，脚黑色。

【栖息地】沿海滩涂、岸基和虾塘。

【行为】常混于小型鸻鹬类鸟群中栖息、觅食。

【保护级别】国家一级重点保护野生动物。

【分布及种群数量】不在我国繁殖，沿我国东部沿海地区迁徙。广西见于北部湾沿海区域，种群数量已经极为稀少，接近灭绝边缘，为冬候鸟，部分为旅鸟。

【鉴别特征】体长约38厘米，体形中等的具冠羽的燕鸥。喙黄色，喙端黑色。繁殖期头顶和冠羽黑色，其余部位偏灰色或白色。非繁殖期额白色，冠羽黑色且具白色顶纹。幼鸟多褐色和白色杂斑。

【栖息地】海岛或海岸线附近的区域。

【行为】常与其他燕鸥混群活动，主要以各种鱼类为食。

【保护级别】国家一级重点保护野生动物。

【分布及种群数量】繁殖于我国东部沿海地区，在我国南海或东南亚沿海地区越冬。广西曾在北部湾沿海地区观察到其活动，极罕见，估计为迷鸟或旅鸟。

中华凤头燕鸥

白腹军舰鸟

【鉴别特征】体长约95厘米。体羽多黑色，具绿色光泽。雄鸟喉囊红色，腹部白色，雌鸟胸、腹部至翼下和领环均为白色。

【栖息地】海洋或沿海岛屿。

【行为】常单独活动，主要以在空中掠夺来的其他鸟类喙中的鱼类为食。

【保护级别】国家一级重点保护野生动物。

【分布及种群数量】偶见于我国南海至沿海岛屿。广西目前还没有观察记录，但郑光美（2017）认为广西沿海有分布，估计为迷鸟。

【鉴别特征】体长约23厘米。头部靛蓝色，脸黑色且在额前方相连，喉部明黄色，腹部黄色沾灰色。背部、翼及尾羽均为褐色。

【栖息地】保存较好的常绿阔叶林和村庄的风水林。

【行为】成群活动于林下层，也在高大乔木的树干上觅食。

【保护级别】国家一级重点保护野生动物。

【分布及种群数量】目前仅见于我国江西省和福建省。但近年来在广西百色市西林县多次调查均没有发现，可能已经在广西绝迹。

蓝冠噪鹛

黄胸鹀

【鉴别特征】体长约15厘米。雄鸟顶冠及颈背部栗色，颊部及喉部黑色，胸、腹部黄色，具栗色胸带。雌鸟体羽色淡，头部具深色的侧冠纹和淡皮黄色的眉纹。*ornate*亚种颜色较深，额部黑色较多。

【栖息地】低山丘陵和开阔平原地带的灌丛、草地、农田和林缘地带。

【行为】常成小群在开阔地取食植物种子和果实。

【保护级别】国家一级重点保护野生动物。

【分布及种群数量】繁殖于我国东北地区，在华南地区越冬。广西共分布有2个亚种：*aureola*亚种广西各地均有分布，为冬候鸟或旅鸟；*ornate*亚种分布相对狭窄，为冬候鸟。

猛禽：鹰击长空

　　猛禽为鸟类六大生态类群之一，涵盖鸟类中隼形目和鸮形目的所有种，包括鹰、雕、鵟（kuáng）、鸢、鹫（jiù）、鹞（yào）、鹗（è）、隼、鸮（xiāo）、鸺（xiū）鹠（liú）等生态类群，除少数食腐类外，均为掠食性鸟类。广西丰富多样的自然环境，为猛禽的生存提供了绝佳的庇护。随着生态保护力度的不断加强，以及国内鸟类研究的发展和观鸟活动的兴起，很多昔日罕见的猛禽纷纷现身广西。在全国60多种猛禽中，在北海冠头岭就能看到20多种，冠头岭堪称猛禽迁徙的集散地。

白肩雕：雕中帝王

　　猛禽因其凶猛的习性、威仪的外表，被尊为鸟中的王者。而大型猛禽中的白肩雕，则属于雕中帝王。白肩雕（*Aquila heliaca*）属隼形目鹰科雕亚科雕属，是一种大型猛禽，体长 70～80 厘米，翼展可达 2 米，因肩部白色的斑点而得名。它全身黑褐色的羽毛犹如高贵的披风，头、颈部为褐色且带有黑斑，尾部灰褐色的基底上有不规则的黑色横斑。白肩雕的成鸟体羽为深褐色，头后颈羽色较浅。亚成鸟体羽密布纵纹。飞行时有翼指 7 枚，其中 3 枚初级飞羽颜色较浅，形成翼斑。白肩雕的拉丁名含有帝王的意思，因此又名御雕。俄罗斯国徽的双头鹰造型，就是以白肩雕为原型。

白肩雕展开双翅，在空中翱翔（陆豫　摄）

　　白肩雕处于欧亚森林、草原生态系统中食物链的顶端，广泛分布于欧亚大陆以及非洲和北美洲的部分地区。白肩雕偏爱低平原和稀疏的树林，栖息于山地、丘陵及林间平原地带、林缘，开阔的农田和水域等，有时也见于荒漠及河谷地带。在我国，白肩雕并不属于常见的猛禽，它们大多属于旅鸟，仅有小部分在新疆地区繁殖，在华南地区越冬。在广西南部地区有观测到白肩雕的记录，但极为罕见，为冬候鸟。

　　在全球范围内，白肩雕被世界自然保护联盟（IUCN）定为易危（VU）物种；在我国，它被列入《中国脊椎动物红色名录》，为濒危（EN）物种，属于国家一级重点保护野生动物。2019 年 11 月 11 日的《广西日报》有报道："广西鸟类摄影发烧友李力整理 11 月 3 日在北海冠头岭拍摄的猛禽照片时，惊奇地发现其中至少三组为极为珍稀的白肩雕。"

　　白肩雕主要以鼠类、兔类及中大型鸟类为食，虽然食物种类繁多，但是多数猎物的重量小于 2 千克。这个重量的猎物对白肩雕来说恰到好处，性价比最高。如果猎物太大，捕猎时消耗的体力也多，且在制服猎物时容易受伤。此外，大的猎物无法一次性吃完，也很难带回去保存，剩余的猎物往往只能留给其他食肉动物。尽管白肩雕有能力捕食鹅喉羚之类的大型有蹄类动物，但是它们最喜欢的还是鼠类动物和小型鸟类。当猎物不足的时候，白肩雕也会干起"打家劫舍"的勾当。有记录表明，白肩雕会凭借自己庞大的体形去抢夺其他猛禽的猎物，诸如鸮、猎隼等猛禽都曾遭受过白肩雕的掠夺。

　　白肩雕捕猎时常在空中翱翔以寻找猎物。翱翔是大

白肩雕在电线杆上休息的同时，仍不忘用犀利的眼神环顾四周，监测敌情（莫国魏 摄）

型猛禽的飞行技巧之一，借助上升的热气流可以将身体浮在空中，这是一种最节省体力的飞行方式。它们可以在空中翱翔 8 ～ 9 小时之久，只需要调整翅膀就可以改变飞行的速度和方向。一旦发现地面的猎物，白肩雕便快速调整翅膀，进入巡飞的状态；锁定目标后，它就收缩翅膀，将高空的势能转变为快速下降的动能，凭借快速俯冲力和锋利的爪子，一举将猎物擒获。有时候，白肩雕也会停歇在视野良好的岩石或高大的乔木上，像一个狙击手，发现目标后立即起飞追捕猎物。

白肩雕实行一夫一妻制，这是形势所迫。一般后代需要双亲抚养的动物，夫妻会相对比较忠诚。多数大型猛禽需要双亲合力才能抚养后代。每年 4—6 月是白肩雕的繁殖期，它们通常选择悬崖峭壁或者高大的树木作为筑巢的理想地点，而后在此基础上用树枝搭建庞大的巢。它们建造完成的巢通常呈盘状，直径为 1.0 ～ 1.5米，可谓鸟巢中的"阿房宫"。

在野外无人类干扰的状态下，白肩雕的生存能力极强。然而，森林砍伐、农业扩张和基础设施修建等人类活动，导致白肩雕栖息地不断缩小、退化。另外，人类的猎杀，以及高压线、风电等原因，白肩雕的种群呈现下降趋势，已被世界自然保护联盟（IUCN）列为全球性易危（VU）物种。

凤头鹰：不拒绝人类的喧闹

凤头鹰（*Accipiter trivirgatus*）为鹰形目鹰科鹰属的中型猛禽，体长 45 厘米左右，因其头部的羽冠而得名。凤头鹰体羽多为褐色，具明显的冠羽；喉白色，具明显的黑色喉中线；飞行时翼指 6 枚，白色的尾下覆羽蓬松明显。

凤头鹰在整个东亚地区比较常见，在马来半岛的低地森林栖息地也可以找到它的踪迹。凤头鹰在我国属于国家二级重点保护野生动物，全球共有 11 个亚种，主要分布于印度、中国西南地区及台湾地区、菲律宾和巽他群岛，中国分布有 2 个亚种——普通亚种和台湾亚种。

在我国，凤头鹰广泛分布于长江以南的大部分地区，是南方较为常见的鹰类。广西各地均有分布，为留鸟，是广西森林中最为常见的猛禽之一。

凤头鹰主要活跃在森林地带，它们栖息在高大树木的树冠上。森林中树木茂密，对飞行的灵活性要求比较高，而凤头鹰短、宽、圆的翅膀正是对森林环境最好的适应。

当凤头鹰张开羽翼扶摇直上时，羽翼上的四条横带两相对称，异常受瞩目；而当它快速掠过天际时，它白

在树枝上密切观察地面猎
物的凤头鹰（引自蒋爱伍
《广西鸟类图鉴》）

凤头鹰之所以站着，一方面是为了保持警惕，避免威胁；另一
方面是因为它的生理结构，站姿使它的腿部肌肉僵直，能使爪
紧握树枝而避免掉落（引自蒋爱伍《广西鸟类图鉴》）

色的尾下覆羽让它看上去如同裹着一条婴儿专用的"纸尿裤"，让人忍俊不禁。

凤头鹰以鼠类和其他小型脊椎动物为食。凤头鹰捕猎时更像是一名狙击手。捕猎前，它往往先潜伏在树枝上，身上的斑纹和树叶巧妙地融为一体，极大地降低了自己被暴露的风险，提高了捕猎成功率。它悄无声息地注视林间猎物的一举一动。猎物一旦被它盯上，就好比其名字在阎王的生死簿上被画了钩。凤头鹰宽阔的翅膀可以在林中自由穿梭，然后迅速以超快的速度向猎物俯冲。速度之快，很多猎物往往来不及反应，就被凤头鹰锋利的爪子刺破身体。

据南京林业大学鲁长虎团队研究发现：从20世纪50年代有详细记录以来，凤头鹰普通亚种的分布范围呈现扩大的趋势。1980年首次在福建省发现凤头鹰的普通亚种，2000年在福建省福州市发现凤头鹰的台湾亚种，2008年在河南省董寨国家级自然保护区发现凤头鹰巢。1987年的《中国鸟类区系纲要》中记载，凤头鹰只分布于四川（峨眉山）、云南（西北部、西部至南部）、贵州（绥阳）、广西（西南部）、海南岛，而2005年的《中国鸟类分类与分布名录》则增加了重庆、湖北、江西、广东、香港等五地。2005年以后，国内对凤头鹰的分布记录有所增加，其中湖北（万朝山）、江西（幕阜山）、广东（珠海、广州）增加了分布地点，还新增了陕西（佛坪）、河南（信阳）、浙江（杭州）和福建（厦门）等省级分布记录。

一般来说，猛禽的活动范围远离城市的喧嚣。而凤头鹰却在做一个大胆的尝试，它们在主动接近城市的绿化区。2007 年 10 月 11 日，在南京东郊紫金山的南京中山植物园发现凤头鹰捕食山斑鸠。2009 年 10 月 1 日，在南京南郊的翠屏山也发现凤头鹰的活动踪迹。2020年，贵州雷公山国家级自然保护区生态监测发现凤头鹰出没。在广西南宁的公园也有观鸟爱好者记录到凤头鹰。凤头鹰能否实现在城市中生存，还需它们和人类的共同努力。

白腹海雕：会吃螃蟹的雕

我国境内共有四种海雕，分别为白尾海雕（*Haliaeetus albicilla*）、白腹海雕（*Haliaeetus leucogaster*）、玉带海雕（*Haliaeetus leucoryphus*）以及虎头海雕（*Haliaeetus pelagicus*）。我国的猛禽全是国家二级（含）以上重点保护野生动物，四种海雕有三种为国家一级重点保护野生动物，唯独白腹海雕是国家二级重点保护野生动物。白腹海雕属隼形目鹰科海雕属，为大型猛禽，又叫白胸海雕，因其头部、颈部、胸部及尾部均为白色而得名，其余部分为褐色。白腹海雕的幼鸟体羽几乎为褐色，只有尾为白色。与所有海雕一样，白腹海雕的尾部很短，呈楔子状，体长为 70～85 厘米，体重 3～5千克，当它展开双翅翱翔时，翼展达 178～218 厘米。

白腹海雕在国外分布于印度、斯里兰卡、孟加拉国、缅甸、马来西亚、印度尼西亚、澳大利亚、巴布亚新几内亚等国，在我国分布于沿海地带，比较罕见。广西原来并无白腹海雕的记录，只有郑光美院士认为广西有分布，并估计为迷鸟或旅鸟。近年来，每当迁徙季节，白腹海雕偶尔在北部湾沿海地区有观测记录。广东的观鸟爱好者曾在北海冠头岭拍摄到一只在空中翱翔的白腹海雕。

在空中翱翔的白腹海雕（引自蒋爱伍《广西鸟类图鉴》）

　　白腹海雕栖息在海边，那里食物资源丰富，它们不仅可以天天吃海鲜，偶尔还可以换换口味，如捕食陆地上的哺乳动物。白腹海雕白天觅食，早晨与黄昏是它们捕食最频繁的两个时间段。白腹海雕主要捕食鱼类、海龟和海蛇，也会捕食陆地上的蛙、蜥蜴、野兔。白腹海雕的捕食策略非常高明，它们对待不同猎物会有不同的手段。例如，白腹海雕的食谱中就有不少具有坚硬外壳的动物，如海龟和螃蟹等。尽管没有人类那样灵巧的双手，但白腹海雕十分聪明，它们会飞到高处将海龟和螃蟹扔下，将猎物摔得粉身碎骨后，再食用里面的嫩肉。当捕食不顺利时，白腹海雕也会寻找并取食各种漂浮腐肉。

捕猎的时候，白腹海雕有时会独自捕食，有时则夫妻一同出动捕食。在捕猎的过程中，白腹海雕会从空中俯冲下来，用强有力的爪子从水中抓鱼。它的俯冲时速可达上百千米，相当于高速公路行车时速的上限。它的抓取力据估是人类的 10 倍，因此它即使抓到了和它身体等重的鱼，也一样能够飞行。

飞翔中的白腹海雕亚成鸟，羽毛是浅褐色的，尾为楔形。喙及蜡膜为灰色，裸露的跗跖及脚浅灰色（引自蒋爱伍《广西鸟类图鉴》）

　　白腹海雕会在水面上空梭巡，一旦发现猎物，就会像箭一般划过水面，冲向猎物。此时，它的双翅呈现 V 形向上伸直，头部向前伸，形成 C 形，双脚向前伸，露出锋利的爪子，牢牢抓住猎物，迅速飞起。

　　有时，白腹海雕的捕猎过程有点"变态"。在马来西亚东海岸的刁曼岛，研究人员拍到一只白腹海雕捕猎的全过程：这只白腹海雕飞进了海岸边的树林，将一只果蝠从树上拽下来。紧接着，它抓着"战利品"朝大海飞去。按照惯例，这只白腹海雕可以直接杀死猎物后饱餐一顿。令人不可思议的是，它将果蝠扔进海里再捞起，如此反复，看起来像是折磨果蝠。与此同时，另一只白腹海雕在附近的天空中盘旋。果蝠落入海里后，这对白腹海雕就在附近等着，并密切地监视着在海面挣扎的猎物。经过 20 分钟的顽强划水，这只可怜的果蝠乘着海浪，眼看着就要爬上沙滩逃过一劫。结果，其中一只白腹海雕又是一个俯冲，一把抓住果蝠将它再次扔回海里。在人类看来，这属于虐杀。但是，这很有可能是白腹海雕的一种捕食策略。要知道，果蝠不同于一般的猎物，它锋利的牙齿可以随时对白腹海雕造成伤害。白腹海雕夫妇通过不断地将果蝠扔到海里，消耗其体力来尽量减少它可能对自己的伤害。

　　随着我国生态环境的不断改善，相信未来会有更多的白腹海雕"落户"中国。

纵纹腹小鸮：萌禽也是猛禽

　　鸮因其头部似猫，常被人们称为"猫头鹰"。鸮是猛禽中一种特殊的存在，它们多数在晨昏时捕猎，日间休息。广西有记载的鸮形目包括鸱鸮科和草鸮科，有黄嘴角鸮、领角鸮、纵纹腹小鸮、雕鸮、林雕鸮、褐渔鸮、黄腿渔鸮等 18 种。

　　在广西诸多鸮形目中，纵纹腹小鸮（*Athene poikila*）体形是最小的，体长仅有 20 ～ 26 厘米，为国家二级重点保护野生动物。这种鸮长着一副大脸盘，圆盘状的面部嵌着两颗黑色的大眼珠子，浅色平眉在前额连成 V 形，面部上方有两簇耳羽。假若只见白天的鸮，很多人会误以为它不过是一只呆萌的宠物。纵纹腹小鸮在我国北方和西北大部分地区为留鸟，在多数省份均有分布。在广西境内，它们常栖息于低地丘陵、林缘灌丛和平原森林地带，也出现在农田、荒漠和村庄附近的树林中，常在大树和电线杆上休憩。纵纹腹小鸮在广西南宁和桂林少数地方有过记录，因其种群数量稀少，估计为罕见冬候鸟。

　　纵纹腹小鸮既是小型动物的杀手，也是其他较大食肉动物的猎物，特别是在白天，和大多数鸮一样，纵纹腹小鸮一动不动地站在树枝上。此刻，如果被其他猛禽发现，纵纹腹小鸮能够逃脱的概率非常小。白天，纵纹腹小鸮就躲起来一动不动，让人很难想象它是猛禽，更难将它和身手不凡的猎手联系起来。

纵纹腹小鸮通常把巢建在树洞中，这些树洞要么是天然形成的，要么是由其他鸟类挖掘出来的。在大自然中，许多动物为了躲避危险，都进化出不同的拟态，以融入所在的环境之中。纵纹腹小鸮头颈和背部为褐色，缀以白色斑点和纵纹，腹部及腿部白色且多褐色纵纹。它羽毛上的碎斑与粗糙的树皮纹路十分相似，这让它看起来像穿了一件"隐身衣"，完美地与所居住的森林融为一体。只要纵纹腹小鸮不动，外界几乎很容易把它当作一块粗短的枝杈。就这样，白天，纵纹腹小鸮隐匿在大树之上，自信得意地眯着眼睛，静静地等待黑夜的降临。

站立在自家巢穴口的纵纹腹小鸮，看起来极其呆萌，它有时会突然神经质地点头或转动（王志芳　摄）

一对纵纹腹小鸮在树枝上休憩（何启海　摄）

　　纵纹腹小鸮昼夜皆活动。一般而言，夜间工作者需要敏锐的视力，然而纵纹腹小鸮是个例外，它的视力远远不如日行性猛禽，甚至连人类也不如。人类的视觉敏锐值在 30～60 之间，纵纹腹小鸮的普遍在 5～10 之间，是鸟类中视力较差的。此外，纵纹腹小鸮双眼重合区大于 50°，盲区大于 160°。因此，它的观察视野远不如其他鸟类，为了弥补视野的不足，纵纹腹小鸮的头部可以旋转 270°。

　　既然纵纹腹小鸮的视力比人类的还低，那它如何捕猎呢？

视觉会受到光线的影响，这涉及眼睛感光度的问题。即便视力再好，没有光线，眼前也是漆黑一片。纵纹腹小鸮虽然白天视力不好，但夜晚却好得多。其中的奥妙就隐藏在眼睛的光感受器中。眼睛中的光感受器包括视杆细胞和视锥细胞，其中视杆细胞感知光线，视锥细胞感知颜色。视杆细胞的密度越大，感知光线的能力越强，越能在微弱的光线下看清事物。纵纹腹小鸮眼睛的视杆细胞密度很大，是人类的 35 ～ 100 倍，可以在光线非常微弱的环境下看清事物。也就是说，在光线非常暗的情况下人类完全看不清目标时，纵纹腹小鸮可以看见。

此外，纵纹腹小鸮的听觉系统非常灵敏，它可以感知细微的声音。人类年老之后听力会变弱甚至失聪，而纵纹腹小鸮的听力却不会因年龄变化而变化，可以一直保持敏锐的听力。这是因为，人耳朵内负责听觉的细胞受损后无法修复，而纵纹腹小鸮的却可以。通过敏锐的视觉和听觉，包括纵纹腹小鸮在内的鸮形目物种可以在夜晚毫无障碍地捕捉猎物。如黄脚鱼鸮夜晚不仅可以抓鱼，还可以捕杀地上的猎物，如野兔、鼠类。

纵纹腹小鸮主要以鼠类和昆虫为食，也捕食小鸟、蜥蜴等小型动物。鸮形目的鸟类大多是捕鼠高手，它们间接地为人类保护粮食作物。按照人类的标准，它们应该属于益鸟，受到歌颂和赞扬。

褐冠鹃隼：戴冠的"萌"禽

褐冠鹃隼（*Aviceda jerdoni*）为鹰科鹃隼属中型猛禽，虽然名字最后是"隼"，但它属于鹰科，长相上也是"鹰相"，确切地说它应该叫"褐冠鹃鹰"。从神态上看，它缺少鹰科鸟类那种凶猛、犀利的神态，时常保持几分呆萌的神情。

成年褐冠鹃隼体长 55 厘米左右，头、背部褐色，前颈部白色具黑色纵纹，胸腹部具赤褐色横纹，最有特色的是它头部的长黑色冠羽，由 2～3 根羽毛构成，尖端为白色，不竖起来的时候，像布片一样耷拉着。乍一看，褐冠鹃隼极像凤头鹰，但它的冠羽比凤头鹰的长许多。褐冠鹃隼飞行时翼指 6 枚，翼较宽大。

褐冠鹃隼已被世界自然保护联盟（IUCN）列为全球性近危（NT）物种，在我国为国家二级重点保护野生动物。它主要分布在印度、东南亚及我国南部。据《中国鸟类野外手册》记载："褐冠鹃隼在云南西南部及海南有几次记录，可能在中国有繁殖，但不肯定。"褐冠鹃隼是热带种类，国内已知其分布除云南西南部和海南，还有广西西南部。近年来，随着国内观鸟爱好活动的兴起，褐冠鹃隼被记录的地点不断增加，陆续在四川、重庆、贵州等地被发现。2017 年 5 月 12 日，湖南壶瓶山

静立树枝上，环顾四周寻找猎物的褐冠鹃隼（引自蒋爱伍《广西鸟类图鉴》）

国家级自然保护区管理局白林壮、康祖杰、刘美斯在长岭曹家垭发现褐冠鹃隼。随着广西观鸟活动的发展，陆续有广西观鸟爱好者记录到褐冠鹃隼，发现它在广西各地林区均有分布，为罕见留鸟。

褐冠鹃隼栖息在广西境内的丘陵、山地或平原森林，有时也出现在疏林草坡，尤其喜欢森林边缘地带，常活动于有遮盖处。单独或成对活动，飞行时发出哀怨的叫声，似蛇雕的叫声。

褐冠鹃隼从树栖处捕食，主要以大型昆虫、蜥蜴、蝙蝠、鼠和蛙等动物为食，一般不会攻击小型鸟类。褐冠鹃隼仍保持着鹰的捕食方式，它的性情较为凶猛，喙弯曲且尖锐，爪子十分锐利。它捕食时喜欢先在空中盘旋寻找目标，确定目标后从高空突然直接冲刺到猎物面

伫立枝头，用锐利的眼
神观察远方猎物动静的
褐冠鹃隼（梁霁鹏 摄）

前，用喙撕裂猎物，因此喙上常有齿状缺刻。

　　褐冠鹃隼在广西弄岗有繁殖记录。它们通常营巢于高大的树冠上，巢由枯枝和树叶等筑成。每年4—6月为繁殖期，每窝产2～3枚白色的卵。在繁殖期间，雌、雄鸟轮换趴在窝里，守护着雏鸟。

褐冠娟隼衔着猎物站在树枝上观察，确认周边无碍后才开始享用猎物；它吃饱后在树枝上休憩了一会儿，待体力恢复后，便振翅飞翔，向远方飞去（梁霁鹏　摄）

鸣禽：百转歌喉

鸣禽主要包括雀形目的鸟类，它们的发音器高度发达，位于气管和支气管的连接处，空气的流动引起发音膜振动，通过肌肉改变紧张程度，发出不同的鸣叫声。鸣禽因为拥有一副好嗓音，被称为"森林中的歌唱家"。广西位于云贵高原往两广丘陵的过渡地带，以山地、丘陵地形为主。这些山地分中山、低山、丘陵、台地、平原、石山六大类。多样性的山地森林，为鸣禽提供了赖以生存的家园。

微信 / 抖音扫码

仙八色鸫：以"中华"冠名

仙八色鸫（*Pitta nympha*）属雀形目八色鸫科仙八色鸫属，在我国的繁殖分布区面积占其全球繁殖地面积的 50% 以上，因此在荷兰语和瑞典语中又称其为"中华八色鸫"。目前，全球仙八色鸫数量不到 1 万只，已被世界自然保护联盟（IUCN）列为全球性易危（VU）物种，在我国为国家二级重点保护野生动物。

仙八色鸫雌雄羽色大致相似。虽然其羽色复杂多样，但是搭配合理。头部为深栗褐色，具一条宽阔的黑色贯眼纹。背部多为深绿色，翼上覆羽具钴蓝色的斑，初级飞羽也有显著的白色翼斑。胸、腹部多为皮黄色，腹中部和臀部为血红色。由于其有八种颜色的羽毛，婀娜而不妖艳，清爽而不媚俗，举止优雅，恰似林中仙子，因此得名"仙八色鸫"。仙八色鸫是个喜欢"臭美"的小精灵，总是不时抖抖身上的灰尘或泥土，每天要抖十几次。

仙八色鸫在我国主要分布于云南，沿海地区也偶有记录。广西大部分林区均有分布，还有记录于合浦，为罕见夏候鸟，为迷鸟的可能性更大。也有部分个体迁徙经过广西，南宁市内几个地点春季均有稳定的过境记录，估计为旅鸟。仙八色鸫在我国有 100 ～ 1000 个繁

羽色亮丽、举止优雅的仙八色鸫（黄立春　摄）

殖对，以及 50 ～ 1000 只迁徙个体。仙八色鸫数量稀少，加之性情机警胆怯，使得它们不易被观测到。

仙八色鸫的栖息地为平原至低山的次生阔叶林，栖息环境包括种植园、亚热带或热带的湿润低地林、亚热带或热带的旱林、亚热带或热带的（低地）湿润疏灌丛和河流、溪流，也出没于人类的庭院和村屯附近的树丛。它们喜欢在灌丛中栖息、活动，很少出现在森林的中上层。林木茂密的低地或丘陵地带，尤其是靠近溪流的树丛，是它们理想的栖息地。它们对生境比较挑剔。在不同的分布地有着不同的偏好，如在日本偏爱平地，在我国大陆偏爱灌丛和林地，在我国台湾则喜欢以相思林为主的阔叶混交林。它们行动敏捷，善跳跃，大多是在地面上跳跃着行走，机警而胆小，飞行速度并不快。

八色鸫是食虫鸟类，仙八色鸫也不例外。它们常在灌木下的草丛间单独或成对活动，边走边觅食，在林下地面或灌丛、落叶丛中以喙掘土觅食蚯蚓、蜈蚣及鳞翅目幼虫，也食鞘翅目等常见昆虫，还食果实和种子，它们也可能会吃一些蜘蛛等小型无脊椎动物。

与近亲蓝翅八色鸫、蓝背八色鸫等安于现状、鲜少长距离迁徙的习性不同，仙八色鸫是向北迁徙最远的一种八色鸫，也是唯一从日本、朝鲜半岛到我国华北、华中和东南（包括台湾地区）均有繁殖的八色鸫属鸟类。在夏季繁殖期间，仙八色鸫大多只在地面跳跃活动，偶尔短距离飞行。每逢迁徙季节，它们会展示其浪迹天涯的本性，迁徙距离可达 3000 多千米。每年春季，仙八色鸫从东南亚婆罗洲北部的越冬地出发，飞往我国华北、华中、东南及日本、朝鲜半岛的繁殖地。其间要穿

行走在地面上觅食的仙八色鸫（黄立春　摄）

越菲律宾和琉球群岛，在海面飞行数百甚至数千千米。对于这种体长约 20 厘米、体重不足 90 克的小鸟而言，着实是了不得的奇迹。

在仙八色鸫繁殖期的 5—7 月，它们营巢于密林中的树上，巢多置于树杈上，也有报告在岩石上筑巢。巢内垫有细根和树叶等内垫物。仙八色鸫营巢的地方，一定有一窝发冠卷尾。仙八色鸫比较依赖发冠卷尾，也许是为了预防天敌，属伴生鸟（繁育期内）建巢。仙八色鸫选好地方就开始建巢，先造底部，巢底部一般比较光滑干燥，然后再造顶部。顶部是整体搭建，用材很讲

仙八色鸫躲在灌丛中活动，还不时小心观察四周环境，避开掠食者（黄立春　摄）

究，相互间衔接得比较好，防风防雨又防晒。突出部留一小出入口，外小内宽。搭建好的巢能容亲鸟和 4 ～ 5 只幼鸟相互间移动。它们的巢极其隐秘，开口朝侧下，与周围布满落叶和苔藓的林下环境浑然一体，但仍然有诸多天敌是它们繁殖季的噩梦。蛇类、鼠类和小型鼬科动物都会对仙八色鸫的幼鸟造成危害，不过它最大的敌人还是人类，人类对环境的破坏是其数量持续减少的重要原因。特别是在我国东部，平原和丘陵的林地已经被开发殆尽，残留的林地多集中在山区，人类对自然的过度索取正让仙八色鸫的栖息地日益缩小。

　　仙八色鸫每窝产卵 4 ～ 7 枚，卵污白色缀有灰色。雌雄轮流孵卵，如果在繁殖过程中有一只亲鸟遭遇不测，极有可能宣告这个繁殖季节的失败。夫妻齐上阵抚育孩子是仙八色鸫繁殖成功的必要条件。育雏期是仙八色鸫最为劳累的时期，哺育的辛苦使亲鸟体重下降，毛色变得黯淡，失去往日的神采。在仙八色鸫雄鸟的精心呵护下，仙八色鸫繁殖成功率很高，孵化率高达 100%，雏鸟的成活率在 90% 以上。

　　由于仙八色鸫的巢驻扎较低，导致其容易被捕捉。它曾是非常有名的笼养鸟，在其迁徙沿线上非法猎捕时有发生。此外，迁徙沿线发生的误撞玻璃幕墙、风力发电机等遭遇也严重影响其种群迁徙。韩国有研究表明，迁徙途中，30% 的仙八色鸫的死因与误撞玻璃幕墙有关。目前，仙八色鸫的栖息地保护正遭受着成倍的压力，我们不仅要保护其繁殖地，还要有效保护其越冬地、迁徙途经地，才能保证它们顺利地度过每一个自然年。

黄腹山雀：呆萌的"杀手"

黄腹山雀（*Parus venustulus*）属雀形目山雀科山雀属，是一种小型鸟类，是我国特有的一种高山鸟类。黄腹山雀虽然看起来较为普通，体形也与人们常见的麻雀相似，但是它有许多有趣的特点。它腹部的嫩黄色羽毛非常别致，同时它爱采食花朵及种子，因此便有了许多俗名，如采花鸟、采花儿、黄豆崽、黄点儿、黄肚点儿等。这些名字配上黄腹山雀体长约10厘米的小巧身材，给人一种林中精灵的感觉。黄腹山雀有一个小巧的短喙，翼上具两排白色斑点。雄鸟头部及胸部为黑色，颈后部及颊部具白色斑块。雌鸟和幼鸟多为橄榄色。

黄腹山雀常见于华南、东南、华中及华东地区，在广西各地均有分布，但以北部较常见，为留鸟。在广西很多公园及小区，也有机会见到这种萌鸟。黄腹山雀理想的生存栖息地是海拔1500米左右的山区森林。除此以外，黄腹山雀会在一些平原人工林区、次生林或林缘疏林灌丛地带活动。到了冬季，黄腹山雀还会下到低海拔的城市或乡村绿地活动。

黄腹山雀用自己的爪子牢牢抓住树枝，
以防止跌落（莫国魏　摄）

除繁殖期成对或单独活动外，黄腹山雀在其他时候皆是成群结队活动，常以 10 ～ 30 只的群体出现在高大的阔叶树或针叶树上。黄腹山雀还常常和其他差不多大小的小鸟，诸如灰眶雀鹛、棕头鸦雀、红头穗鹛、斑翅朱雀、灰蓝山雀等，组成小群在林子里面游荡，这种现象俗称"鸟浪"。黄腹山雀多数时候都在树枝间跳跃穿梭或在树冠间飞来飞去，频频发出"嗞——嗞——嗞"的叫声，也有人听到的是清脆响亮的"嗞——归，嗞——归"或"嗞——嗞、莫——嗞、嗞——莫"的叫声。其鸣叫声似灰蓝山雀，复杂的叽叽喳喳鸣叫声极似责骂声。但是在城市或者人群活动较为频繁的地方，由

繁殖期间的黄腹山雀在枝头成双成对双栖双飞，演绎着比翼双飞的林中之爱（莫国魏　摄）

于黄腹山雀的叫声相对微弱，因此常常会被其他声音所掩盖。在树林中，有时候我们可能会听到林子里面发出"笃——笃——笃"的声音，动静不小，有些人可能会以为是啄木鸟在抓虫子，其实也可能是黄腹山雀觅食时敲击树枝发出的声响。与很多"胆子肥"的山雀不同，黄腹山雀非常谨慎小心，却又"身手敏捷"，具有出色的捕猎技巧，这样的反差为黄腹山雀赢得了一个"呆萌杀手"的称号。

　　黄腹山雀的外观非常萌，好似林间小小的精灵。但与之形成反差的是，它们的喙和爪子都非常锐利，而且视力极其敏锐，在捕食时对猎物毫不留情，一击必中，算得上是一等一的害虫杀手！黄腹山雀捕猎时，通常从树枝上或空中俯冲下来，突然攻击并抓住猎物。尽管它们体形较小，但是它们有着很强的攀爬能力和卓越的平衡能力。小巧的身材让黄腹山雀可以在树枝上轻松穿梭，迅速锁定目标。

　　黄腹山雀繁殖能力比较强，繁殖期在每年的4—6月。它们营巢于天然树洞中，巢呈杯状，主要由苔藓、地衣及一些细软的草叶、草茎等材料构成，内垫以兽毛等，每窝可以产卵5～7枚，孵化幼鸟的成活率也较高。

　　总之，黄腹山雀是一种既可爱又灵动的小动物，就像是精灵一样穿梭在人与自然的世界中。

在树枝上正准备起飞的黄腹山雀，突然被眼前的猎物吸引（莫国魏 摄）

弄岗穗鹛：因地名而得名

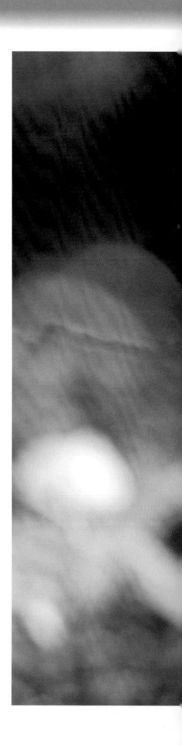

广西弄岗拥有世界罕见的、保存较为完好的岩溶地区热带季雨林，1980 年晋升为国家级自然保护区，2019 年入选"中国最美森林"。保护区中分布着一种很特别的鸟儿：弄岗穗鹛（*Stachyris nonggangensis*）。

在我国记载的近 1500 种鸟类当中，弄岗穗鹛是第二种由我国动物学家发现并命名的鸟类。2008 年，为了纪念发现地弄岗，它被命名为"弄岗穗鹛"，也是目前世界上唯一以广西地名来命名的珍稀鸟类，为国家二级重点保护野生动物。弄岗穗鹛只在广西龙州县、大新县和靖西市有分布，尤以龙州县种群最为丰富，且数量较多，为留鸟。此外，在越南北部也发现有弄岗穗鹛分布。

弄岗穗鹛属雀形目画眉科穗鹛属，其雌鸟与雄鸟外形相似，翼圆形，尾中等大小，翅较尾长。背部、两翼深褐色，颊部具明显的新月形白斑。喉部羽毛白色，具深褐色端斑。胸、腹部为褐色。与穗鹛属的其他鸟类相比，弄岗穗鹛体形较大，体长可达 17 厘米。

弄岗穗鹛站在岩石上，警惕地环顾四周（黄立春　摄）

　　弄岗穗鹛是典型的喀斯特鸟类，高度依赖喀斯特森林，它有点儿"宅"，仅在喀斯特石灰岩地区季雨林的蚬木林内生活。弄岗穗鹛除繁殖季节成对出现外，其余时间通常聚集成小群体，喜欢在岩石上跳来跳去，翻开落叶找寻无脊椎动物为食。不擅长飞行的弄岗穗鹛主要在森林下层跳跃活动，只有受到惊扰和转移时才短距离飞行，快速往密林处转移。在觅食的间隙，弄岗穗鹛会到灌丛盖度大的隐蔽场所歇息。它们大多数时候在地面

弄岗穗鹛站在岩石上（蒋爱伍　摄）

活动，翻动岩石缝隙和地面的落叶觅食，是典型的森林下层鸟类。弄岗穗鹛时常在小范围内聚成小群连续觅食超过两个小时，翻动枯叶发出的"沙沙"声，能传到较远的地方。雨季的觅食地是对海拔、坡度和落叶盖度综合考量后的选择。在雨季，弄岗穗鹛通常选择盖度低、空旷透风的生境觅食，这可能与广西雨热同期导致的雨季时森林中潮湿闷热有关。在旱季，弄岗穗鹛通常选择较低海拔的中、下坡位，且有一定裸岩比例的缓坡生境觅食。旱季林区内较为干燥，部分区域土壤表层干结，一些草本植物因干旱而枯萎。弄岗穗鹛喜欢选择落叶较厚的区域觅食，因较厚的落叶层保水性较好，藏于落叶土壤层内的无脊椎动物更为丰富。

在弄岗国家级自然保护区森林里的"地面取食集团"包括白鹇、原鸡、绿翅金鸠、弄岗穗鹛和短尾鹩鹛 5 种鸟类，其中弄岗穗鹛和短尾鹩鹛的取食空间重叠度很高。弄岗穗鹛和短尾鹩鹛主要在林区乔木盖度和落叶盖度较大的岩石上取食。这两种鹛类虽然在取食地中的竞争压力非常大，但是仍然能够共存，这得益于弄岗国家级自然保护区林下生物量极其丰富，即使是在每年 1—2 月的旱季，也有大量的昆虫及其幼虫。

弄岗穗鹛一般 4 月筑巢。在石灰岩悬崖的洞穴中或山腰的巨大岩石上，它们用气生根、树叶、树枝和软草等材料筑巢。弄岗穗鹛每窝会产下 4～5 个纯白色的卵，其卵壳的结构组成与鸡形目鸟类较为相似，分为表面晶体层、栅栏层、锥体层和壳膜层 4 层，每层的结构也基本相同。其中，表面晶体层较为粗糙，其上分布开放气孔；栅栏层结构紧密，是卵壳的主要构成部分，并

正在享受美食的弄岗穗鹛（黄立春　摄）

一对正在嬉戏打闹的弄岗穗鹛（梁霁鹏　摄）

遍布蜂窝状小孔；锥体层由锥体基层和乳锥层组成；壳膜层由多层蛋白质纤维组成。雌性弄岗穗鹛每天要花费约 75% 的时间孵卵，整个孵化期持续至少 18 天。当弄岗穗鹛开始孵蛋后，通常每天会离开巢穴去寻找食物 2～3 次。

　　尽管广西西南部的许多森林地区与弄岗具有相似的栖息地，但只有春秀水源林保护区和邦亮长臂猿国家级自然保护区发现有弄岗穗鹛。这三个保护区都在中越边境地区，成为保护该物种的优先地点。自从弄岗穗鹛被发现以来，弄岗国家级自然保护区就表现出保护该物种的坚定积极态度，春秀水源林保护区和邦亮国家级自然保护区的管理层也表示将加大力度保护弄岗穗鹛。

画眉：画"眼影"的小鸟

"尽日闲窗生好风，一声初听下高笼。公庭事简人皆散，如在千岩万壑中。"这是宋代的文同在《画眉禽》中对于画眉歌声的描述。画眉（*Garrulax canorus*）属雀形目噪鹛科噪鹛属，是画眉科的代表性物种，体长约 23 厘米，通体棕褐色，头顶、颈部、胸部均具细纵纹。因其白色的眼圈向眼后延伸成明显的眉纹状，细长如画，就像画着白色的眼影，故名。画眉雄鸟鸣声洪亮，婉转动听，在古代四大鸣鸟（画眉、靛颏、百灵、绣眼）中因声量大，稳居第一位。自古以来画眉深受人们的喜爱，是古代文人墨客最爱寄情着墨的鸟类，正如欧阳修的诗《画眉鸟》："百啭千声随意移，山花红紫树高低，始知锁向金笼听，不及林间自在啼。"这首诗借鸟寓人，抒发诗人对自由生活的向往，所以说画眉也是富有文化内涵的鸟类之一。

画眉栖息在我国的中部、南部及台湾地区，为国家二级重点保护野生动物。在广西境内，各地均有分布，非常常见，为留鸟。

一只画眉站在树枝上，正在唱着婉转动听、富有韵味的歌（黄立春　摄）

它们主要栖息于山丘地形的各种次生林、灌丛和竹林中，常年在树木下的草丛中觅食，不善远距离迁徙。

画眉在冬季一般成对或以家族小群活动。3月上中旬，日照时间逐渐延长，画眉开始进入发情期，此时雄鸟离群占区，经常在其领地内的矮小乔木或灌木丛上，婉转多变地高亢鸣叫，特别是早晨7—8点更甚，以招引雌鸟的到来。当两相情愿时，雌雄两鸟便在树枝上都发出柔和、低微而带颤音的"唧——唧、嘎——嘎"声，并轻轻抖翅，相互追逐。一段时间后，雌鸟不断地翘尾露出泄殖孔以示接受雄鸟的"爱"。雌雄配对以后，它们就在其所占区内营巢产卵，一年产卵两窝。

画眉一般将巢筑在有人畜来往的山区小径或周边较开阔的杂草丛中的矮小灌木上，也有筑在嫩枝茂盛的矮小乔木枝杈中或错综缠绕的大藤本植物丛内。这样的环境可以降低野兽、蛇等天敌带来的危害，对它们来说更为安全。画眉巢位的高度随季节变化而有所变化。4月上旬至5月中旬产第一窝卵时，它们多选择在森林附近的灌木或草丛中筑巢，巢位一般离地面较近。这些地方背风，向阳，气候较温暖，有利于鸟卵的孵化。6月下旬至7月中旬，气温高，林间茂密，敌害增多，巢位距地面60～150厘米，比春天的略高。7月下旬至8月中下旬，蛇与野兽活动频繁，巢位一般离地面120～200厘米。然而，这也不是绝对的。在盛夏期间，也有一些画眉将巢址选择在山边旱土旁的小灌木丛上，其巢位仅离地面40～50厘米。

画眉营巢一般需要1.5～3天，主要由雌鸟负责。雄鸟常在附近20～30米处的树上鸣叫，以警惕敌害入

画眉喜欢生活在山林地区，常单独或成对活动，多在灌木丛和杂草丛中觅食（梁家登　摄）

侵。雄鸟对进入其巢区的其他画眉是不能容忍的，它会发出高亢的示威声，如果入侵者不予理睬，雌、雄画眉将共同驱逐入侵者，直至将入侵者驱赶"出境"。有时雄鸟也衔回一些材料筑巢。从早晨开始，雄鸟除了中途取食离开，会一直寻找材料，边筑边伏将巢基压实。巢筑完成后，雌鸟清理巢内杂物，为产卵做准备。画眉筑巢时警觉性很高，当巢被发现后，它们便废弃此巢另筑新巢。画眉警觉性也比其他飞鸟更强，不管是筑巢、孵卵还是育雏，一旦发觉人们接近它的巢穴，会在一两日内速筑新巢，并将卵或雏鸟搬迁至新巢中继续孵育。画眉每窝产卵的数量与其食物来源及其自身营养状况有关。画眉雏鸟属于晚成鸟，在其能独立取食之前都需要亲鸟喂食。

画眉目前最大的威胁来自偷猎。每年4—7月是画眉产卵繁殖的季节，也是捕鸟人捕捉它的最佳时机。雄鸟早在春意悄悄来临之际就放喉高歌，其歌声悠扬嘹亮，悦耳动听。尤其是经过驯化后，画眉能学人语，能模仿动物叫，甚至能模仿惟妙惟肖的笛声。画眉的需求量也因此越来越大，价格一涨再涨，致使一些鸟贩子一再铤而走险。在高额经济利益的诱惑下，一些不法分子经常窜到山区，用各种非法手段大肆捕捉画眉，少则几十只，多则上百只，而后长途贩运到大城市高价出售，从中牟利。尽管各地的森林公安时有查获，并给予严厉处罚，但该现象仍然屡禁不止。批量的长途贩运会导致大量画眉死亡，又因为只有雄鸟善鸣且具有观赏性，被抓捕的大多为雄鸟，使得山林间的野生画眉雌雄比例失调，影响了种群的繁衍，导致画眉数量日渐稀少。为了保护画眉资源，鸟类协会、养鸟者、捕鸟者都应规范自身行为：在画眉繁殖期禁捕；禁止养雌鸟和雏鸟；保护森林、竹林，特别是画眉喜欢筑巢和能为其提供冬粮的树林；宣传爱鸟观念和护鸟知识等，使野生画眉资源得到保护与发展，推动鸟乡的观光旅游与森林生态保护。

长尾阔嘴鸟：热带鸟类北迁先锋

　　长尾阔嘴鸟（*Psarisomus dalhousiae*）属雀形目阔嘴鸟科又被称作"卡通鸟"，是广西弄岗非常受欢迎的明星鸟儿之一。长尾阔嘴鸟有着让人过目难忘的独特"发型"，它醒目的头部由黄色、黑色、绿色的圆弧形色块镶嵌，整整齐齐，好像梳了一个"西瓜头"，又好似戴了一顶自显呆萌的小头盔，头部中央还有亮蓝色斑块，因此被称为自然界"最守交规的鸟"。长尾阔嘴鸟通体绿色，朴实而不失华丽，隐身在雨林中难以被发现。它的顶冠及颈背部为黑色，喉部及脸部为黄色，眼后有一黄色斑点。雄鸟和雌鸟的羽色相似，都很艳丽，从外表上很难区分，但从大小上看，雄鸟个头比雌鸟大一些。

　　鸟如其名，当你惊艳于长尾阔嘴鸟神清气爽的色彩搭配时，对方大嘴一张，不禁令人大跌眼镜。和体长仅约 24 厘米的娇小身体比起来，这嘴属实占据了不小的比例，"阔嘴"之名由此而来。雀形目阔嘴鸟科共 8 属 15 种 52 亚种，所发现的基本上属于短腿短尾类型，只有长尾阔嘴鸟是特例。那条长尾巴让它比其他阔嘴鸟显得苗条许多。也正是因为它的尾巴很长，所以才有了"长尾"之名。

　　长尾阔嘴鸟在国外分布于尼泊尔、不丹、孟加拉

长尾阔嘴鸟可以通过长尾巴来保持身体平衡和控制身体的方向，确保它在静止、飞行和跳跃时保持稳定（引自蒋爱伍《广西鸟类图鉴》）

独立枝头的长尾阔嘴鸟正注视着前方的猎物（梁霁鹏　摄）

国、缅甸、老挝、越南、泰国、马来西亚等国以及印度
东北部、苏门答腊岛和加里曼丹岛等地。在我国分布于
西藏、云南、贵州和广西。在广西主要分布于西南和西
北地区，最北可至大明山，种群数量一般，为留鸟。

　　长尾阔嘴鸟对环境非常敏感，但同时环境适应能力
非常强，因而成为广西木论国家级自然保护区最早出现
的"热带鸟"。长尾阔嘴鸟的北迁与当前的全球气候变
暖更是密不可分。在全球气候变暖的情况下，出现冰川
融化、动植物北迁、极端气候频发等现象。为了生存，

热带鸟类长尾阔嘴鸟不得已离开家乡北上迁徙来到广西定居。

它们为什么选择在广西定居呢？观察地球北纬25°线，会发现广西木论国家级自然保护区与贵州茂兰国家级自然保护区连在一起，共同构成了现存唯一连片面积最大、最好的喀斯特森林生态系统。值得注意的是，随着全球气候变暖，生活在热带地区的动物选择向北迁移，这个纬度的生态环境自然是最适合它们生存的。

长尾阔嘴鸟群居生活，常十几只甚至二三十只结群活动觅食。它们属于杂食性鸟类，主要以昆虫、果实为食，食物包括蜘蛛、黑蚂蚁、金龟子、种子、榕果、核果、甲虫、椿象、蜂类等。

长尾阔嘴鸟对于巢穴的选址十分讲究，它们会选择一个自己喜欢的地方筑巢，通常是在海拔 880～1500 米的具有一定隐蔽性的热带沟谷雨林中。在崇左地区，有关研究人员发现长尾阔嘴鸟将巢建在路边的电线上。这样的巢址选择看起来十分随意，但是能让它们远离蛇类等捕食者，大大降低了被天敌侵害的概率，是十分机智的选择。硕大的巢就悬在路人头顶，位置十分暴露，即便来往的车辆呼啸而过，它们也旁若无人，仍旧安心筑巢，不为外界所干扰，堪称街边一道亮丽的风景线。

每年春天是长尾阔嘴鸟筑巢繁殖的季节，它们会用茅草、藤蔓等植物编织自己的巢，以备不久后产卵育雏所用。阔大的嘴巴衔着藤蔓围绕巢转圈，就像一个芭蕾舞演员，动作优雅而又娴熟地编织起来。它们的巢特点显著，让人记忆犹新，过目不忘。巢的整体形状呈梨

机警的长尾阔嘴鸟发现后方有动静，立即回眸观察（黄立春 摄）

正在向同伴倾诉自己内心世界的长尾阔嘴鸟，一只讲得尽兴，另一只听得投入（梁霁鹏 摄）

形，系于枝条上垂吊下来，像一个空中悬挂的秋千。巢长约 32 厘米，底宽约 13 厘米，口径约 6 厘米。巢口虽小，但里面的空间很大。令人出乎意料的是，它们的巢穴往往是建在靠近水面的树枝上，距离水面 1.2 ～ 1.8 米，巢与巢之间相距 6 ～ 12 米。

长尾阔嘴鸟在繁殖期间由一对夫妇共同协作哺育孵化出来的幼鸟，孵化期为 20 ～ 22 天。在幼鸟被孵化出来后，它们一方面需要寻找大量的食物来喂养幼鸟，另一方面需要保护自己的幼鸟不被天敌所伤害。幼鸟不能直接消化吸收亲鸟所捕获的食物，需要经过亲鸟消化后再吐出来喂养幼鸟。长尾阔嘴鸟亲鸟的口腔和食管具有很强的消化能力，将食物充分消化后，提供充足的营养给幼鸟。一般来说，幼鸟每天需要喂养 3 ～ 4 次，每次喂养时间长达 15 ～ 20 分钟。在这个过程中，长尾阔嘴鸟亲鸟将食物逐一喂给幼鸟，确保每只幼鸟都能够公平地吃到，它还会用嘴巴轻轻拍打幼鸟的喉咙，以帮助幼鸟消化食物。由于幼鸟的身体尚未完全长成，它们需要在巢中生活 3 ～ 4 周，这也就需要亲鸟不断地站在巢旁，保护幼鸟不受外界的干扰。

在广阔的热带雨林中，面对天敌的威胁、人类的破坏和生态环境的改变，长尾阔嘴鸟这样的哺育方式大大提高了后代的存活率，但也仍然逃不过它们成为国家二级重点保护野生动物的事实。保护长尾阔嘴鸟，刻不容缓！

陆禽：
陆地魅影

　　"飞鸟流泉相伴，走禽行云相依"，这里的"走禽"指的就是陆禽。陆禽指鸡形目和鸽形目的所有种类，这类鸟多为留鸟，翅较短圆，可在短距离内快速飞行，不善长途迁徙。陆禽腿较短而健壮，趾间有钝爪，利于挖土掘食，主要以坚硬的植物种子、地下根、茎以及植物的绿色部分为食，兼食昆虫和其他小型动物。陆禽多分布在森林和草原。广西生态环境广袤多样，境内分布的草原、森林、山地等生境中，以及耕地、灌丛、居民区周围都可以见到陆禽的身影。

微信 / 抖音扫码

环颈雉：求偶别具一格

雉，见于《诗经·国风·王风·兔爰》中的"有兔爰爰，雉离于罗"。"罗"最早见于甲骨文，"罗"的字源，表示鸟落在网罩里。金文表示用手中的牵索控制网罩。从《诗经》中我们可以清楚地看出，古人用网抓捕兔和雉，说明古人对于雉并不陌生。《诗经》中还有一首《雄雉》描写得更加详细："雄雉于飞，泄泄其羽。我之怀矣，自诒伊阻。雄雉于飞，下上其音。"《诗经》中的雉是否就是环颈雉，还有待进一步考证。但是，《诗经》中对于雉的立意方式和动作描写，倒是和环颈雉非常相似。

环颈雉（*phasianus colchicus*）属鸡形目雉科雉属，体形较大，体长约85厘米，俗称"野鸡、山鸡"，雄雌差异非常明显。雄鸟羽色华丽、光彩照人，身体披金挂彩，浑身点缀着彩色羽毛，从墨绿色到铜色再到金色，头部具黑色光泽，红色的眼周裸露明显，尾长并具黑色的细横纹。其颈上有一个显著的白环，因此而得名"环颈"。相比之下，雌鸟则显得暗淡得多，浑身密布浅褐色斑纹。环颈雉是雉科家族中分布最广的一种，仅在我国就有19个亚种，见于我国大部分地区。它们是一种适应性很强的鸟类，自公元前1300年起陆续被引入全世界近50个国家和地区，现在广泛分布于亚洲、欧洲、北美洲及新西兰、智利和夏威夷群岛等地。在广西全境均有分布，森林、山丘、村庄、农田、城市荒地等，都是它们栖息的地方。但与我国其他地区相比，广西的环颈雉较为少见。广西分布有 2 个亚种，*torquatus* 亚种见于广西大部分地区，*takatsukasae* 亚种仅见于中越边境地区。2 个亚种均不算常见，为罕见留鸟。环颈雉已被人工驯养，俗称"七彩山鸡"，广西各地均有驯养。

环颈雉在沙地上脚喙并用地觅食（赵序茅　摄）

环颈雉的婚配关系比较独特，它们实行领域性的、群体防卫的一雄多雌制，其主要特征：繁殖季节开始以后，雄鸟占区，雌鸟对占区雄鸟进行选择并最终定居在所选定雄鸟的领域内。在一只雄鸟的领域内通常有数只雌鸟存在，雄鸟与它们进行交配并保护它们不受天敌及其他同类的伤害。这种交配系统在鸟类中十分罕见，仅有大约 2% 的鸟类如此。

环颈雉的世界实行一夫多妻制，这个"多"是多少呢？这可不好说，要根据具体环境而定。从各地的记

环颈雉雄鸟羽色华丽，身体披金挂彩，浑身点缀着彩色羽毛（引自蒋爱伍《广西鸟类图鉴》）

载中发现一个有趣的现象：在人类活动较少的地区，雄性环颈雉的"配偶"比较少，多为2～3个；而在人类狩猎活动频繁的地区，雄性环颈雉的"配偶"可以达到5～8个。事实上，在野外雄鸟更容易被发现，往往成为捕鸟者重点狩猎的对象；而雌鸟体形小，飞行速度快，较雄鸟难猎取，于是形成了自然界中性别比例失调（雌多于雄）的局面。

虽然环颈雉实行一夫多妻，雌多雄少，但是这并不意味着每只雄鸟都可以顺利找到配偶。交配之前雌鸟对其配偶有一个选择的过程。那么，雌鸟会选择什么样的雄鸟作为自己的配偶呢？

研究发现，雄鸟跗跖后方距的长度是雌鸟选择配偶的一个最重要的标准。为了验证上述结论，冯香茨团队还对雄鸟的距长进行了人工试验。他们将捕捉到的环颈雉分为三组，在试验之前，各组雄鸟在年龄、翅长和距长方面并无显著差别。他们将其中的一组作为对照组，组内雄鸟的距长保持不变；另外两组则利用人工的方法

环颈雉雌鸟体形小而羽色暗淡，周身密布浅褐色斑纹，和周围的环境十分契合，一般很难被发现（引自蒋爱伍《广西鸟类图鉴》）

将雄鸟的距长分别加长或截短 2 ～ 5 毫米。在春季释放到野外以后，追踪观察这些雄鸟所吸引的雌鸟的数量。这个试验的结果表明：距长的改变明显地影响雄鸟的配偶数量，距长缩短后，雄鸟所拥有的雌鸟数量明显少于对照组。而人为加大距长后，雄鸟所吸引的雌鸟数量是对照组的两倍以上。这个试验有力地证明了雄鸟的跗跖后方距长在环颈雉配偶选择过程中至关重要的作用。

　　为什么雄鸟的跗跖后方距长在环颈雉的配偶选择过程中如此重要呢？研究发现，那些能够存活到下一个季节的雄鸟，其平均距长比那些死掉的个体的距长要长 2.1 毫米。距长还对雌鸟的繁殖成功率有明显的作用，即雄鸟的距长越长，与其相交配的雌鸟所繁殖出的雏鸟的数量就越多。因此，他们认为，距长不仅与雄鸟的存活率有关，而且与雌雄鸟的繁殖成功率密切相关。为了将良好的基因传给下一代，维持种群的繁衍，雌鸟就是根据雄鸟的跗跖后方距长这一重要性状进行配偶选择的。

斑鸠：长者的象征

斑鸠（*Streptopelia*）作为一种常见鸟类，在我国传统文化中曝光率极高，现实生活中也有很多人见过，可是真正认识它的人却并不多。现实中的斑鸠为鸟纲鸽形目鸠鸽科斑鸠属中鸟类的统称，全球有 15 种斑鸠，主要分布在非洲和亚洲。我国有 5 种斑鸠，分别为山斑鸠、灰斑鸠、珠颈斑鸠、火斑鸠、欧斑鸠。广西有珠颈斑鸠、山斑鸠、火斑鸠 3 种，其中珠颈斑鸠比较常见。

山斑鸠和珠颈斑鸠非常容易混淆，它们在我国的分布区域存在很大部分的重叠。更为关键的是，这两种斑鸠长得实在太像了。珠颈斑鸠区别于其他斑鸠（除山斑鸠外）最明显的特征是颈部的"珍珠项链"，而山斑鸠颈部的斑黑白相间形成四条线，从远处看和珠颈斑鸠的"珍珠项链"非常接近。

珠颈斑鸠的体形和家鸽的差不多，不过比家鸽"苗条"。珠颈斑鸠拥有暗黑色的飞羽、粉红色的腹羽和红色的双脚，色彩搭配相得益彰，如同穿着红上衣高跟鞋的少女。珠颈斑鸠身上最引人注目的莫过于颈部黑色的绒羽上密布着白色的斑点，像一串珍珠项链，它也因此得名。不过珠颈斑鸠的幼鸟颈部没有这种"珍珠项链"，那是成鸟的"专利"。

　　火斑鸠又称红鸠、红斑鸠、火鸪鹪，体形偏小，成年火斑鸠体长约 23 厘米，其中成年雄鸟颈部为青灰色，颈后有黑色颈环。

山斑鸠在枝头上驻足（王志芳　摄）

　　斑鸠在古代有一个文化寓意——长寿，这可能就鲜为人知了。在先秦时期，斑鸠是长者地位的象征；到了汉代，皇帝会赐予长寿老人一根"鸠杖"，象征着一种荣耀。所谓的鸠杖就是一根拐杖，扶手处刻成斑鸠的形状。在古人眼中，鸠为不噎之鸟，消化能力极强，而将拐杖的扶手刻成鸠状，是希望老人能够吃饭不噎，健康长寿。《后汉书·志第五·礼仪志》有明确记载："玉仗长（九）尺，端以鸠鸟为饰。鸠者，不噎之鸟也。欲老人不噎。"在汉代，拄拐杖是有律法规定的。据史书记载，老人满 70 岁以后，皇帝赠其良玉刻成的鸠杖。从此，鸠杖演变为皇帝敬老的标志。

　　斑鸠是否真的如古人所描述的那样，消化能力极强,是不噎之鸟? 现代的科学研究从一定程度上在珠颈斑鸠身上验证了古人的说法。

江西农业大学的张晖博士研究发现,珠颈斑鸠的十二指肠壁内比同样食性的鸟类拥有更多的杯状细胞、肥大细胞和嗜银细胞。这些细胞是干什么用的,它和消化有何关联呢? 肠道内的杯状细胞主要分泌黏蛋白,它可以与水和无机盐等共同形成覆盖于肠内表面的黏液层,润滑和保护肠上皮,在机体消化与黏膜免疫方面具有重要作用;肥大细胞是动物机体内一种广泛存在的重要免疫细胞,不仅可以阻止肠内容物中的病原微生物侵入机体,还可以抵抗摄入体内食物中的毒素,起到保护机体的作用;嗜银细胞可以分泌多种激素,主要通过内分泌或外分泌的方式对消化吸收和摄食行为进行调控,对消化道黏膜起到重要的保护作用。珠颈斑鸠体内的这些细胞构成一个较为完善的黏膜防护屏障,赋予了珠颈斑鸠极强的消化能力。由此不禁感叹古人的先见之明。

每年的3—7月是斑鸠的繁殖期,每年可以繁殖1～2次。它们的求偶方式尤为"浪漫"。唐代大诗人王维在《春中田园作》中写道:"屋上春鸠

安静地站在砾石堆上的珠颈斑鸠（黄立春　摄）

一只快乐的火斑鸠正迈着欢快的步伐，在水边的湿地上寻找着食物（黄立春　摄）

鸣，村边杏花白。"说的就是村子里的房屋上有一对斑鸠在鸣叫求偶，而那时正值杏花开放，正好是斑鸠的繁殖期。在普通人眼中，斑鸠并不是歌唱高手，也没有悦耳的鸣叫声。可是到了求偶期，即便是赶鸭子上架，为了赢得雌鸟的青睐，雄鸟也得露一手。斑鸠雄鸟的鸣音响亮，如果雌鸟乐意会发出两声回音，重复4～7次后，雄鸟则飞向雌鸟，停落在雌鸟身边，头向雌鸟，喙贴向前胸，颈羽耸立，后颈、前胸有节奏地胀缩而鸣叫。

这仅仅是"约会"的第一步，如果彼此想深入发展的话，斑鸠会一起"婚飞"，先是雄鸟不停地向雌鸟点头、鸣叫，约经历12分钟，雄鸟飞向雌鸟，两者并头停息于树枝后，雄鸟突然向高空绕圈快飞，飞行50～60米时，翻身滑翔而下，雌鸟跟着起飞，在空中绕两圈后，升至25～45米后，滑翔而下，双双降落在同一根树枝上。

喜结连理的斑鸠会一同在树上建巢，偶尔也在地面或者建筑上筑巢。鸟类中，斑鸠算不上"建筑大师"，仅仅具有一个"泥瓦匠的水准"，只是在树杈间利用树枝搭建一个简单的编织巢。此后，雌鸟产卵孵化，雄鸟协助喂养雏鸟。斑鸠喂食雏鸟的食物比较特别，为鸽乳。大家不要望文生义，这并不是鸽子的乳汁，而是斑鸠的嗉囊腺分泌的一种富含蛋白质的物质。斑鸠的嗉囊腺平时不进行分泌活动，在垂体产生促乳素时，才开始活跃。当血液中促乳素增多时，斑鸠恰好开始育雏。

《诗经·召南·鹊巢》有"维鹊有巢，维鸠居之"的记载，意指斑鸠通过强取豪夺抢占喜鹊的巢穴。斑鸠的确会占据喜鹊的巢穴，不过不是它抢的，而是它碰巧遇到的。对于斑鸠来说，喜鹊和它的繁殖时间刚好错开，斑鸠的确"鸠占鹊巢"了，可不是它主动去抢的，是喜鹊不要了，斑鸠捡来住的。况且，斑鸠这种鸟性格比较温和，喜鹊是鸦科大佬之一，性格比较生猛还很聪明。如果正面冲突，斑鸠很有可能不是喜鹊的对手，因此它也不敢主动抢喜鹊的巢穴。

黄腹角雉：盛装求爱

　　黄腹角雉（*Tragopan caboti*）属鸡形目雉科角雉属，是我国特有鸟类，国家一级重点保护野生动物，被称为"鸟中大熊猫"。黄腹角雉体形较大，体长约58厘米。从外形上看，黄腹角雉两性异形，雌鸟通体灰褐色，杂以黑色、白色、皮黄色纹。与雌鸟为了繁衍牺牲美色不同，雄鸟可谓雉类王国中华丽的王子，背部栗色，体羽端部具皮黄色的圆斑，圆斑两侧为黑色或栗色，胸、腹部黄色，尾羽黑色，翼暗褐色，均杂以皮黄色斑纹，顶部和枕部两侧的红棕色羽毛下有一对天蓝色肉角，求偶炫耀时肉角充血竖于头顶并不断抖动。

　　黄腹角雉是角雉属5种鸟类中分布最东部的物种，分布于浙江西南部、江西、广东、福建、广西东北部、湖南南部的局部地区。在广西，黄腹角雉见于湘桂走廊以东的海洋山、都庞岭、萌渚岭一带，最近在大瑶山也发现分布。许多原来有记录的地方都已经不再有分布，种群数量正在急剧减少，为留鸟。栖息于广西境内亚热带山地森林海拔700～2000米的常绿阔叶林、针叶林和常绿针阔叶混交林内。

　　据史料记载，在唐代，人们甚至一度将黄腹角雉列为贡品，如此殊荣可见一斑。在随后的宋元明清几朝，

灌木丛中的黄腹角雉因其羽毛与周围环境比较协调，具有一定的隐身（莫国魏　摄）

黄腹角雉也被推崇为"吐绶鸟"，代表官爵的绶带且谐音"寿"，并将之推广于民间。刘禹锡曾赋诗："越山有鸟翔寥廓，嗉中天绶光若若。越人偶见而奇之，因名吐绶江南知。"后来人们纷纷将它画于年画中，"锦鸡吐绶""绶鸟翠竹"就是最好的见证。

　　早在20世纪70年代末，黄腹角雉就处于濒危状态。20世纪80年代，黄腹角雉甚至一度被认为已经灭绝。1981年，浙江大学教授诸葛阳偶然在浙江省温州市泰顺县乌岩岭保护区发现了黄腹角雉，自此科学家们

黄腹角雉踮起脚尖，正打算往低处飞（引自蒋爱伍《广西鸟类图鉴》）

开启了对黄腹角雉研究的历史。

　　黄腹角雉的求偶行为堪称壮观，而它们的求偶过程更称得上是"盛装求爱"。通常情况下，求偶活动发生时，每一只黄腹角雉都有自己的舞台。雄鸟占据一片山林，在清晨发出类似"哇——哇——嘎嘎"的占区鸣叫声，从而划分出各自的势力范围。而那些体弱的雄鸟，则无力维持一片山林的所有权，只得四处流浪，因而失去交配的机会。求偶时，发情的雄鸟喉下的肉裙膨胀下垂，显现鲜艳的朱红色与翠蓝色的条纹纵横交错，远看好像"寿"的繁体字，故黄腹角雉又称"寿鸡"。雄鸟头上的那一对天蓝色的肉角会挺直突出，更加锃亮。雄性黄腹角雉还有一套复杂的求偶流程：首先雄鸟会面对雌鸟蹲伏，并不停地上下点头，肉裙随之而徐徐展开并下垂至胸前，如肉裙伸展不平或偏于一侧时，则通过摇头来摆平，同时头上的肉角亦随上下点头动作而伸出。接着双翅展开，并随点头动作做同步大幅度扇动，肉裙则进一步充血膨大，同时张喙发出"嘻——"声，尾羽展开，并轻微抖动。到高潮时身躯突然挺立，两翅紧夹于体侧不动，头部向下低垂，喙尖朝地，使天蓝色的肉角展示于雌鸟面前，并发出长而响亮的"嘻——"声。伴随此长叫，雄鸟有时双脚前后快速交替伸缩，或向雌鸟冲击 2～3 米，然后面对雌鸟蹲伏，上下点头数次，肉角及肉裙慢慢缩回，求偶过程结束。雄性黄腹角雉发情求偶的整个过程就像是盛装出席舞会，并向自己所爱的对象献舞、邀请自己的"爱人"共舞。这或许也是"盛装求爱"的黄腹角雉最有趣的特征之一了。

　　黄腹角雉交配以后的孵化、养育任务完全交由雌鸟独自承担。孵化期需要 28 天左右，在此期间雌鸟和卵、巢都极易受到天敌的侵害。一旦被天敌发现，雌鸟基本没有还手之力，只能眼睁睁地看着天敌吃掉卵，有时甚至连雌鸟都会成为天敌的盘中餐。黄腹角雉为早成鸟，雏鸟出壳后通常在第二天就可以随亲鸟离巢下树，自主进食。在随后 1 年多的雏鸟期和亚成体期，它们都会紧随着亲鸟学习生存技能。野外的黄腹角雉在危险逼近的情况下十分机警，对周边的异常声响和移动物体特别敏感。在冬季的家族性结群中，雌鸟常常是最先发现异常情况并迅速逃离的，然后是亚成体逃离，而雄鸟却会驻足东张西望一会儿，看看是否有真正的危险，如果是真有危险就会马上逃离，没有就继续它之前的行为。

黄腹角雉雌鸟正在草丛中觅食（莫国魏 摄）

当前，对于黄腹角雉而言，属于它们的生存栖息地越来越少，野外生存情况堪忧。再加上天敌的侵扰，黄腹角雉的种群数量曾一度难以提高。2011年，在黄腹角雉的重点研究保护基地——浙江乌岩岭国家级自然保护区，专家们利用人工授精技术第一次孵化出了5只黄腹角雉，此后人工繁殖数量逐年递增。至2020年，乌岩岭国家级自然保护区已经建立起稳定的黄腹角雉人工种群，并成功实施利用笼养黄腹角雉种群向野外的再补充和再引入实验。自然环境的繁衍品种与人工繁殖品种使黄腹角雉这个国际濒危物种在乌岩岭得到了非常有效的拯救，这些方法都是值得其他保护区在针对更多濒危物种的保护时学习和借鉴的。

黄腹角雉作为我国的特有鸟类，其文字记载最早可以追溯到唐代，我们甚至可以将它作为一部分文化的载体，承载一部分历史，并一路伴随着我们至今。不论是从生态角度，还是从文化角度，保护黄腹角雉都具有重要意义。当然，作为"鸟中大熊猫"的黄腹角雉，公众无论是对它的了解程度和关注度，还是对物种及其生境的保护力度，都还有待强化、重视，并迫切需要加大宣传的力度，持续深入地开展跟踪监测与基础研究，以引起全社会的共同关爱和保护。

黑颈长尾雉：林下花鸡

黑颈长尾雉（*Syrmaticus humiae*）属鸡形目锥科长毛雉属大型鸟类，又名地花鸡，是国家一级重点保护野生动物，其体形比雉鸡稍小一些，但尾羽比雉鸡长很多。雄性黑颈长尾雉头顶部为橄榄褐色，颈部偏蓝黑色，两侧有白色眉纹，翅膀上有两道十分醒目的白斑，白色的尾羽很长且具明显的黑色横纹。雌性黑颈长尾雉体羽为棕褐色，背部的颜色更暗沉，全身布满黑褐色的斑纹，尾羽比雄鸟的要短很多。

黑颈长尾雉生活在亚洲的热带和亚热带地区，在中国、印度、缅甸、泰国等国家均有分布。在我国，黑颈

夜间，黑颈长尾雉立于树枝上休息（程志营 摄）

长尾雉主要分布于云南、广西和贵州。广西仅见于西北部的少数几个县，以隆林金钟山的种群较为丰富，为罕见留鸟。在广西，黑颈长尾雉集中分布于植被完整、森林覆盖率高、郁闭度较高的高大乔木林以及生境复杂、土层较厚的河流沿岸。广西金钟山黑颈长尾雉国家级自然保护区是黑颈长尾雉重要的栖息地，对于黑颈长尾雉的种群保存及繁衍具有重要的意义。2000 年的野外调查证实，黑颈长尾雉在自然界的种群数量不足 500 只，在广西的隆林、田林、西林、凌云、乐业 5 个县呈孤岛分布。广西师范大学生物系的李汉华教授决定将人工饲养的黑颈长尾雉"再引入"原产地，2003—2005 年，300 多只黑颈长尾雉步入田林岑王老山国家级自然保护区，据保护区工作人员统计，到 2008 年，野外的种群数量达近千只。

黑颈长尾雉通常在天亮之后活动，夜间一般在乔木或灌木上休憩。它选择夜栖地的条件较高，喜欢夜宿在枝叶茂盛的大树和高灌木的中上部，尤其是乔木层盖度大且树冠盖度大的地方。黑颈长尾雉的夜栖地相对稳定，但不会长期固定在一个地方，而是有周期性地变换，一般三四天就换地方，这对于减少被天敌捕食、提高觅食效率和存活率是非常有利的。黑颈长尾雉一般在天黑前到达夜栖地，一开始会先在夜栖地附近的开阔地和林缘游走，待确定四周无危险后，才会进入夜栖地。它们会在天黑前上树休憩，在上树时，偶尔会拍打翅膀，并发出"扑—扑—扑"的声音，但很少有鸣叫行为。天亮后，黑颈长尾雉才会下树，然后游走到林缘的开阔地，再飞往觅食地。

聚在一起休息的黑颈长尾雉（引自蒋爱伍《广西鸟类图鉴》）

　　黑颈长尾雉是一种群居性鸟类，它们通常生活在小型群体中，是一种非常机警的动物。它们在活动时非常安静，有时除踩踏落叶或觅食扒动树叶发出声响外，一般无声响。在活动和觅食时常有一只雄鸟极为警觉，不时地仁立张望，发现情况立刻钻入草丛或灌丛逃跑，紧急时则直接起飞上树或向上、下坡飞翔。一般飞行高度较低且速度缓慢，飞行时能在空中转变方向。在自己逃跑的同时，那只雄鸟还会通过发出警报声来提醒其他成员有危险情况发生。

　　黑颈长尾雉是一种杂食性鸟类，主要在林下觅食，间或跳跃啄食较高灌木上的果实，有时也飞到树上啄食，偶尔到林缘耕地觅食。它们的食谱中动物和植物皆有，以植物性食物为主，包括乔木、灌木、草、蕨类等的种子、果实、嫩叶、芽、根和茎；动物性食物有马陆、昆虫的卵、蛹、幼虫和成虫，还有蚯蚓、白蚁等。

　　黑颈长尾雉实行一夫多妻制，繁殖期为每年的3—

黑颈长尾雉在林间空地上活动（图虫·创意　提供）

7月，2月末3月初群内即出现争偶现象。每年3—4月多见一雄多雌结群活动，并开始筑巢产卵，每窝产卵5～7枚。孵卵期约28天，由雌鸟单独孵卵。雄鸟有求偶炫耀行为，会围着雌鸟转，并低头、伸颈、放松翅膀和羽毛，展开尾羽走近或追逐雌鸟；或者会表现出直立昂头、展翅展尾并抖动全身，撑起身体，前后扇动翅膀等行为。在产卵后，雌鸟会警惕地观察着周围的动静，确认没有危险后才离开巢走向觅食地，其间偶有前后振翅行为。

　　黑颈长尾雉是典型的森林植被依赖型物种，这类物种对栖息地变化甚为敏感，一旦所依赖的生境遭到破坏，它们就会表现出极度的不适应，从而导致其营巢、繁殖、孵卵、育雏等过程的中断。为了保护黑颈长尾雉，我国已经采取了许多措施，如将黑颈长尾雉列为国家一级重点保护野生动物，禁止任何形式的捕猎和贸易。一些组织也在积极推动黑颈长尾雉的保护工作，包括建立保护区、开展宣传教育和加强监管等。

红原鸡：家鸡的祖先

红原鸡（*Gallus gallus*）属鸡形目雉科原鸡属，在我国属于国家二级重点保护野生动物。雄鸟个体略大，体长约 70 厘米，羽色华丽，头顶上具肉冠，喉下有一个或一对肉垂，脸和喉几乎完全裸出，两翅短圆，距相对较长。雌鸟体形较小，羽色较暗淡，脸仅局部裸出，头顶上也具肉冠，肉冠和肉垂均不发达，喉下无肉垂，脚上无距。

在我国，红原鸡见于南部（包括海南岛）和西南部地区，主要栖息于热带雨林、季雨林、落叶季雨林、混交林、次生林、灌丛、草坡、竹林等多种环境。在广西，它主要见于红水河和西江以南地区，其他地区可能也有分布，但需进一步证实。在桂西南地区较为常见，为留鸟。它在广西的栖息地主要为人造马尾松林、石灰岩山地常绿阔叶林、河谷阔叶林及林缘灌木丛、稀树草坡等。

除繁殖期外，红原鸡常成群生活，大多为 3～5 只或 6～7 只的小群活动，有时也会聚集成 10～20 只的大群。它们机警而胆小，看见人或听见声响便迅速钻入林中或灌丛中逃跑，危急时也振翅飞翔，每次飞行数十米至上百米远，落地后又继续逃跑。到了夜晚，红原鸡就在树上休憩，躲避天敌。红原鸡以植物的果实、种

羽色华丽的红原鸡雄鸟在林地中走动（引自蒋爱伍《广西鸟类图鉴》）

子、嫩竹、树叶、各种野花瓣为食，也吃白蚁、白蚁卵、蠕虫、幼蛾等。爪子和喙是红原鸡觅食的有力工具，让它们能灵敏地扒开落叶和土壤寻找虫子和种子。

进入繁殖期后，红原鸡的雄鸟鸣叫频繁，常常发出近似"遏遏——遏遏"的啼叫，其声像"茶花两朵"，故在云南的许多地方称红原鸡为茶花鸡。它们主要营巢于林下灌木发达、受干扰较小的茂密森林中，也有在村落附近的小片树林内营巢的。巢多置于树脚旁边、灌丛或草丛中的地上，巢很简陋，通常为地面的一个小凹坑，或在地面稍微挖掘一个浅坑，内再垫以树叶和羽毛就大功告成了，有时直接产卵于灌丛中的地上。每窝产卵6～8枚，偶尔少至4枚或多至12枚。卵呈浅棕白色或土黄色，光滑无斑，呈椭圆形，大小为42～48毫米×31～36毫米。卵产完后即开始孵卵，由雌鸟承担孵化，卵化期19～21天。雏鸟早成性，孵出后不久就可以跟随雌鸟活动了。

体形较小、羽色较暗淡的红原鸡雌鸟带领一群雏鸟在觅食（引自蒋爱伍《广西鸟类图鉴》）

红原鸡的外形、羽色与家鸡十分相似，但体形相对较小，而它也确实是家鸡的祖先，有时还会与家鸡交配。受达尔文《物种起源》一书的影响，过去一些学者认为红原鸡是在印度被驯化成家鸡后引入中国的。后来经过考察研究，特别是一些考古的新发现表明，中国驯化家鸡的历史最少有3300年，甚至有新石器时代疑似红原鸡的考古发现。春秋时期中国就有很大的养鸡场。今天，中国与印度分别将红原鸡驯化成家鸡已成为绝大多数学者的共识。由红原鸡驯化而来的家鸡为我们人类日常饮食提供了大量的营养物质。经过漫长的演化，红原鸡和家鸡存在明显的区别：一是外形上红原鸡的耳旁具白斑，家鸡则没有；二是红原鸡的鸣叫声更加急促，有较强的飞行能力，但经过驯化后的家鸡飞行能力极弱。

历史上最早的"动物闹钟"就是红原鸡。雄性红原鸡的体内可以分泌出一种独特的激素，称为抑鸣激素。抑鸣激素分泌量的多少与光线的强弱有着非常密切的关系，只要感知到天亮，雄鸟就会大声鸣叫。而且，红原鸡的警觉性很高，它们可以在危险临近的时候第一时间发出鸣叫、做出警示。甚至在我们熟悉的鲁迅先生的作品中也出现过红原鸡的身影，鲁迅先生在《祝福》中就写道："有了红原鸡，就如同有了一群警报器。"

一只红原鸡雄鸟正在林地上寻找食物（黄立春　摄）

在过去很长的一段时间里，人们对红原鸡的捕杀力度很大，虽然红原鸡没有高度濒危，但在野外遇见它们的概率也已经较低了。且和森林边缘散养的家鸡杂交导致纯种红原鸡数量减少，保护红原鸡迫在眉睫。

攀禽：
良禽择木

　　"良禽择木而栖。"鸟类中真正能将树木当家，且在笔直的树干上行走自如的，非攀禽莫属。攀禽涵盖鸟类中的雀形目、鹦形目、鹃形目、雨燕目、鼠鸟目、咬鹃目、夜鹰目、佛法僧目、鴷形目。这类鸟的特征是脚趾两个向前、两个向后，有利于攀缘树木。广西境内常见的攀禽有啄木鸟、杜鹃、翠鸟等，它们主要活动在有树木的平原、山地、丘陵或悬崖附近。

微信 / 抖音扫码

红翅旋壁雀：悬崖上的舞者

红翅旋壁雀（*Tichodroma muraria*）原为雀形目鸦科鸟类，新的分类将其归为旋壁雀科。红翅旋壁雀是一种非常优雅的灰色鸟，俗称"爬树鸟""石花儿""爬岩树"。如果你去高山地带看见有胖胖的红色翅膀的"蝴蝶"在空中飞翔，那极有可能你看见的并不是"蝴蝶"，而是红翅旋壁雀。它们向上飞翔时翩跹如蝴蝶，而转身迂回时，露出头，又变成鸟了。这样耀眼的羽翼不仅可以点缀大自然，还可以在求偶期得到异性的关注。

红翅旋壁雀分布广泛，几乎遍布全国。在广西，它们主要栖息在悬崖和陡坡壁上，或亚热带常绿阔叶林和针阔叶混交林带中的山坡壁上。红翅旋壁雀从出生开始就在峭壁上飞舞，在石缝中觅食，在悬崖上筑巢，几乎一生都与岩石为伴。它们是悬崖上一种特立独行的生物，是生活在干旱、贫瘠、荒凉等恶劣环境中的为数不多的小鸟。红翅旋壁雀的鸣叫声非常悦耳，具有一定的穿透力，其鸣叫声为一连串多变且重复的高哨音及尖细的管笛音，不像鸦沙哑的叫声，如同朱雀的叫声。遇到大片的悬崖石壁，大家不妨仔细看看，留心听听，说不定就能遇到这种让人过目不忘的"蝴蝶鸟"。

小巧而美丽的红翅旋壁雀可不只是空有外表，它们

崖壁上的红翅旋壁雀（郭克疾　摄）

还身怀绝技。其中的关键在于，它们的双腿可以像弹簧一样回缩。它们有如钢爪般的爪子，爪子特别强健，后爪长于后趾，就如同穿了雪地靴，具有天然的吸附力和强大的抓壁力，防滑性和平衡性都非常好。它们觅食时，翅膀可以帮助它们保持平衡，持续扇动翅膀，并保持翅膀半张。这种习性成为红翅旋壁雀区别于其他鸟类的独特之处。拥有这三样"工具"，它们就可以在岩壁上灵活自如地攀岩或者飞翔。要注意的是，虽然红翅旋壁雀可以在岩石上攀爬，但是它们只能向上攀爬，却不能向下行走，就如同爬梯子一样，常从底部开始攀爬。

红翅旋壁雀觅食时，通过长喙觅食峭壁缝隙里的小虫子。其食谱包括甲虫、金龟子、蛾、蚊、白蚁、石跳虫、蝗虫、黑蚂蚁等昆虫和昆虫的幼虫，还有少量蜘蛛和其他无脊椎动物。由此可见，红翅旋壁雀主要以害虫为食，是益鸟。

"亦蝴蝶亦鸟"可用来简单概括红翅旋壁雀的外观，它展翅瞬间，绯红斑纹在悬崖背景上熠熠发光，是岩壁上的绚丽色彩（图虫·创意　提供）

　　红翅旋壁雀喜欢单独在背阴的岩壁上跳跃，啄食，栖息。它形单影只却生性爱动，飘忽不定，通常在一个崖壁上只停留很短的时间，除非是繁殖时期需要依靠某个岩洞产卵，繁殖后代。它们也是留鸟中的一员，通常终年在其出生地（或称繁殖区）内生活。冬季垂直迁徙至低海拔地区越冬，甚至在建筑物上取食；夏季会在海拔 1000～3000 米的壮观的陡峭悬崖和岩壁上栖息，常悬在栖息处之上，尤其是旁边有溪流或急流的悬崖上。

　　雄鸟和雌鸟在繁殖期各司其职，安家地点通常由雌鸟选择。每年 4—7 月，它们会选择在高处的峭壁岩石缝隙中营巢，就地取材，选用苔藓、地衣、杂草、羽毛等筑巢。在这一段时间里，雄鸟的行为有异于平常，出巢、归巢都会十分小心，经常会沿迂回路线回巢。雄鸟宁愿花费更多的时间、精力，绕弯路回家，只为了避免被天敌发现与尾随以保护它们的小家园。一窝产卵 4～5 枚，孵化期约 20 天，育雏期约 30 天。当雌鸟在产卵孵化时，雄鸟也不会独自潇洒，会一直照顾雌鸟。幼鸟破壳后，雄鸟和雌鸟一直陪伴着幼鸟，直到幼鸟长大可以独自生活。

红翅旋壁雀身体紧贴岩壁，然后将细长而下曲的喙伸进岩壁缝隙中取食昆虫，并不时地扇动两翅，以维持身体平衡（图虫·创意　提供）

红翅旋壁雀在给大自然带来惊喜的同时，还有很多未解之谜值得我们去探索。它们生活习性特殊，目前关于其种群结构、家庭关系、个体行为、领域范围、繁殖习性、起源与演化的资料还相对稀少，需要我们不断地探索和寻找。

亚历山大鹦鹉：以帝王冠名的鸟

亚历山大鹦鹉（*Psittacula eupatria*）是鹦形目鹦鹉科鹦鹉属动物，属于国家二级重点保护野生动物。亚历山大鹦鹉体形较大，体长约 58 厘米，整体上羽毛呈绿色，腹部黄绿色，外侧翅膀覆羽带有一块紫红色的羽毛，尾部内侧羽毛为黄色。从远处看，会发现这种鸟的体色以绿色为主，喙是显眼的红色。但如果仔细观察，则会发现它们的喙尖呈黄色。作为亚洲最大的长尾鹦鹉，亚历山大鹦鹉身后有着长长的尾羽。雄鸟长着灰蓝色的细窄条状羽毛和很宽的粉红色环状羽毛，下颚还有黑色环状羽毛与粉红色环状羽毛相连接，看起来就像大胡子一样，肩部有紫红色斑块。雌鸟的颈部则没有灰蓝色和粉红色的环状羽毛，体色较为暗淡，中间尾羽平均长度较雄鸟的短，肩部色块不明显。幼鸟看起来更像雌鸟，要到 2 岁左右才出现性别特征，但至少需要到 32 个月才能完全变成成年鸟的羽毛颜色，直到 4 岁时性成熟才能够繁殖。亚历山大鹦鹉寿命较长，最长寿命有 40～50 年。

虽然亚历山大鹦鹉的名字与古罗马地中海地区有着密切联系，但其主要分布于亚洲的阿富汗、巴基斯坦、印度、尼泊尔、不丹、斯里兰卡及东南亚国家。共有 5

站在木棉花丛中的亚历山大鹦鹉雄鸟（引自蒋爱伍《广西鸟类图鉴》）

个亚种，其中较为常见的是亚历山大鹦鹉老挝亚种，此外还有亚历山大鹦鹉指名亚种、亚历山大鹦鹉安达曼亚种、亚历山大鹦鹉印缅亚种、亚历山大鹦鹉尼泊尔亚种。虽然我国不是其自然分布区，但是近年来在广西南宁的青秀山公园经常可以看到亚历山大鹦鹉的小群活动，应该为逃逸鸟。

　　第一眼看到亚历山大鹦鹉这个名字时，大家很有可能会被这个充满帝王之气的名字给吸引，实际上亚历山大鹦鹉的名字确实和亚历山大大帝有联系。在公元前4

树枝上的亚历山大鹦鹉，长长的尾巴成为其最炫丽的特征（莫国魏　摄）

世纪，亚历山大大帝靠着卓越的政治才能及军事本领开疆扩土，使马其顿王国成为横跨亚欧非三大洲的大国。在古罗马与古印度的动物贸易中，鹦鹉是比较常见的品种。在此期间，亚历山大鹦鹉作为观赏鸟被引进古希腊地中海地区。由于其外观美丽，性情温和，模仿能力强，不挑食、容易饲养，在地中海各国间的王室与上流阶层相当受欢迎。有传说亚历山大大帝也亲自饲养这种鹦鹉。正所谓"上有所好，下必甚焉"，亚历山大大帝的喜好无疑是亚历山大鹦鹉成名的最佳推手，亚历山大鹦鹉有可能因此得名。因此早在公元前 4 世纪，亚历山大鹦鹉就已经作为鸟类宠物和人类生活在一起了。

　　亚历山大鹦鹉学话能力较好，经过训练可以掌握一些特殊技巧。它们大多数时候比较安静，只有在受到威胁或感到害怕的时候会发出刺耳的尖叫声。它们拥有非常多的爱好者，主要有三个原因：一是它们拥有非常美丽的羽毛和极高的颜值；二是它们模仿能力较强；三是它们性情温和，适应力强。在野外，亚历山大鹦鹉栖息在海拔900米以下各种干燥与潮湿的地方，包括森林、农作物区、红树林、椰子园等。它的食物主要有谷类农作物种子、花、树的嫩芽、花蜜、水果、谷类及蔬菜。

正在嗑瓜子的亚历山大鹦鹉雌鸟，像一个小精灵（图虫·创意　提供）

　　亚历山大鹦鹉是宠物市场罕见的品种，因其悠久的鸟类宠物历史，在市场上备受欢迎。为了获利，许多当地人都大肆捕捉亚历山大鹦鹉贩卖。此外，由于东南亚的人口逐年增加，大部分林地均被开垦成农地或住宅，野生亚历山大鹦鹉的栖息地越来越少。目前亚历山大鹦鹉野外数量直线下降，人为捕猎和野生栖息地丧失是主要原因。

灰头绿啄木鸟：普通的鸟

　　灰头绿啄木鸟（*Picus canus*）属啄木鸟目啄木鸟科啄木鸟属鸟类，是最为常见的一种啄木鸟。灰头绿啄木鸟雌鸟和雄鸟体形差不多，体长约 27 厘米，雄鸟会比雌鸟稍微大一些。背部绿色，胸、腹部灰绿色。头部灰色，眼先和颊纹黑色。雄鸟额部到头顶的羽毛是朱红色的，而雌鸟的额部和头顶为灰色，没有朱红色羽毛。

　　灰头绿啄木鸟主要分布于亚洲东南部和欧洲西部。我国大部分地区均有分布。在广西，分布有 2 个亚种，*sobrinus* 亚种见于广西大多数市、县，*sordidor* 亚种仅记录于西北部。种群数量一般，为留鸟。它们主要栖息在阔叶林和混交林，有时候也会出现在次生林和林缘地带，一般不到原始针叶林中活动。秋冬季节经常出现在道路、农田旁边和靠近田地的比较稀疏的树林里。它们也喜欢到村庄附近的灌木丛和小树林内活动、觅食。

　　灰头绿啄木鸟主要以蚂蚁、天牛幼虫等鳞翅目、鞘翅目、膜翅目昆虫为食，有时也采食植物的果实和种子。它们常单独行动，在树干

灰头绿啄木鸟每天敲击树木 500～600 次，啄击的速度达到 5.6 米/秒，
而头部摇动的速度更快，为 5.8 米/秒（莫国魏　摄）

上快速移动寻找虫子，从树下螺旋向树上攀缘。

灰头绿啄木鸟非常奇特的身体构造，对于它们在树干捕食有很大益处。

一是脚。灰头绿啄木鸟的脚有四个趾，两个趾向前，另外两个趾向后。当它站立在树干上时，会将爪子嵌入树皮，用爪子牢牢抓住树干。它还会用坚硬的尾巴作为支撑，使身体能在树干上保持平衡。

二是舌头。灰头绿啄木鸟的舌头很长，长度可以与它的身长相等。那么它和其他动物一样把那么长的舌头全部放在嘴里吗？其实不然，它的舌头是绕着脑袋放的。它的舌根骨上有一条肌腱状的组织，这个组织也就是我们说的"舌头"，从下颚穿出，分成两条，向上绕过后脑，在头顶会合成一条，从后脑顶前部进入右鼻孔固定。当灰头绿啄木鸟需要伸舌头的时候，它的舌根就会从下颚向外伸出去。它的舌头上长有一些小倒钩，它在树上啄出洞后，就把长长的舌头伸进树洞里，利用倒钩将虫子拽出来。有时也会在舌头上分泌黏液，将一些幼虫粘出来。

三是眼睛。灰头绿啄木鸟拥有瞬膜，它在敲击木头时，会把瞬膜闭上，防止木屑划伤眼睛。

灰头绿啄木鸟在树干上觅食时会到处敲击树木，通过声音判断哪些地方有虫子。若发现有虫子，便立即用喙凿出一个小洞，再用舌头将虫子拖出来。因为蛀在树木里的大多是害虫，啄木鸟啄木取食是除去害虫，因此人们称它为"森林医生"。灰头绿啄木鸟一般会"检查"整棵树木，如果树干蛀满虫子，它会在树上连续"工作"几天，直到清理完全部的虫子为止。

一只掩映在树枝间的灰头绿啄木鸟（莫国魏　摄）

　　灰头绿啄木鸟每天啄那么多次为什么不会患脑震荡呢？很大的原因是它的头骨坚硬而且在大脑周围有一层棉状的骨骼，里面含有液体，受到冲击的时候有减震的作用。舌头也是它的一条"安全带"。另外，它的颈部肌肉非常发达，啄击树木时，颈部固定住头部，使头部和嘴在运动时保持在一条直线上，减少了受伤的可能。人们还根据啄木鸟脑袋的结构发明了安全帽。

　　灰头绿啄木鸟喜欢单独活动，很少看到它们成群结队地活动。它飞行速度很快，飞行姿势像波浪般一起一伏。灰头绿啄木鸟比较安静，它平时很少鸣叫，叫声也比较单一，一般发出"嘎嘎嘎"的声音。但是在繁

灰头绿啄木鸟正在为老树听
诊，它用喙在树干上敲击，
发出特异的、使害虫产生恐
惧的击鼓声（郭克疾　摄）

殖期，灰头绿啄木鸟会变得活泼躁动一些，声音变得洪亮，音调也会增高。

　　每年的 4 月上旬，灰头绿啄木鸟就会和伴侣在树林间一起飞翔，它们在林间追逐打闹，玩耍嬉戏，边飞边叫。灰头绿啄木鸟的雌鸟和雄鸟会一起在树上建造属于它们的家。灰头绿啄木鸟繁殖时不会再用上一年的旧巢，它们每年都会建造新巢。它们一般将巢建在混交林、阔叶林中，喜欢在水曲柳、山杨、榆树等木质腐朽的树上建巢，巢建得比较高，也比较深。巢建好后灰头绿啄木鸟会直接把卵产在巢里，它们不再从外面寻找东西作为铺垫物。灰头绿啄木鸟一年产一窝，每窝大约产卵 10 枚，卵光滑无斑，直径 2～3 厘米。雌鸟把所有的卵产完后才开始孵卵，雄鸟和雌鸟轮流孵卵。只需要 2 周的时间，雏鸟就可以出世，雄鸟和雌鸟一起养育雏鸟。育雏初期，亲鸟捉到虫子后会进到巢里喂雏鸟，到了后期，喂雏鸟次数会不断增多，但它们不会再进到巢里喂雏，而是站在巢口外，将头伸进巢里喂雏鸟。

　　由于灰头绿啄木鸟的分布范围比较广，数量也比较多，因此它们被评定为没有生存危机的物种，但是它们也需要人类的爱护。

冠斑犀鸟：无私的帮手

冠斑犀鸟（*Anthracoceros coronatus*）属犀鸟科犀鸟属，因其头上部生有带黑斑的冠状盔突而得名。它的体形大，体长约75厘米，尾巴和脖子长；全身以黑白色为主，头部黑色，眼下具白斑，背部、两翼、喉部和上胸均为黑色，下胸和腹部白色；头上的黄色大喙很明显，具米黄色大盔突，盔突上具黑斑；叫声为"嘎克——嘎克——嘎克"，非常洪亮；飞翔时头部和颈部向前伸直，两翅平展，可见白色翼后缘，很像一架飞机，所以又被称为"飞机鸟"。

冠斑犀鸟属国家一级重点保护野生动物，在国外主要分布于东南亚国家，如缅甸、越南、老挝和柬埔寨等；在国内分布于云南、西藏和广西。在广西分布于西南部保存较好的森林中，目前种群数量已经极为稀少，为留鸟。另外，在大明山也发现了冠斑犀鸟，需要进一步确认其是否为野生种群。

冠斑犀鸟非繁殖期成小群，多在树冠层活动，采食浆果或植物种子，也捕食昆虫甚至小型脊椎动物。

冠斑犀鸟从3月开始繁殖，在巨树的洞中筑巢，每窝产卵2～3枚，卵白色，表面粗糙多孔。雌鸟伏居在树洞里孵卵、育雏，进入树洞后，即将自己的排泄物混

冠斑犀鸟是杂食性鸟类，此时，它的嘴里正叼着一只国家二级重
点保护野生动物——大壁虎（梁霁鹏　摄）

着种子、腐木等堆在洞口；雄鸟则在外面用湿土、果实
残渣等将树洞封闭，仅留一裂缝。雌鸟可将喙尖伸出洞
外，接受雄鸟的喂食，到雏鸟快要飞出时，雌鸟才啄破
洞口而出。

　　雄鸟每天出去觅食，劳碌奔波于森林与家庭之间，
把获得的食物喂进雌鸟和雏鸟的嘴里；白天忙完后，夜
晚还要栖息在巢外，站岗放哨，保护配偶、孩子。这种
哺育关系使得雄鸟"压力山大"，因此它需要一个帮手，
这也为其他鸟类参与生殖合作提供了机会。所谓巢中帮
手，是指属于成年个体的雌鸟本身不进行生殖，却为一

冠斑犀鸟飞出巢穴，出门觅食了（梁霁鹏　摄）

个正在进行生殖的双亲家庭出力的行为。我们称这种鸟为"帮手鸟"。这非常类似于滇金丝猴的"阿姨行为"，但是不同的是，帮手鸟和其帮助的家庭没有任何血缘关系。

　　由于冠斑犀鸟的配对几乎是终身制，因此也被冠以"爱情鸟"的美称。帮手鸟即便是好心帮忙抚养后代，可是要获得最初的认可也需大费周折。

　　在雌鸟封巢期间，帮手鸟开始介入。它先要取得所帮助家庭夫妇，尤其是雄鸟的信任。于是帮手鸟决定贿赂雄鸟。它采食后递送食物给在巢附近站岗的雄鸟，最初雄鸟会对帮手鸟进行驱赶。不久，雄鸟态度发生转变，因为它照顾配偶、孩子已经够辛苦，还要花时间自己觅食，的确需要一个帮手。在帮手鸟"糖衣炮弹"的腐蚀下，雄鸟开始接受帮手鸟传递的食物。此时，帮手

鸟可以接近雄鸟并共同采食和运送食物照顾巢中的雌鸟
和雏鸟，于是帮手鸟转变成为一个生殖帮手。此后，帮
手鸟在觅取食物后不再递给雄鸟，而是直接运送到巢穴
洞口。由于巢穴的位置较高，爬升难度大，它往往不能
一次就飞到目的地，而是必须飞到一个制高点稍作休息
之后才能到达巢穴洞口。喂食的时候，帮手鸟与生殖雌
鸟以巢洞口的缝隙为界，帮手鸟把食物从食管中反吐
出来，传递给生殖雌鸟。一次反吐往往只吐出一个食
物团。

　　除喂食外，帮手鸟一天中大部分时间都在守护巢
穴。帮手鸟会长时间站或卧在巢穴洞口，如果在巢区附
近发现其他冠斑犀鸟或小型鸟类就进行驱赶。当遇到自
己无法对付的天敌时，帮手鸟就会发出警报。巢穴附近
最可怕的天敌当属双角犀鸟（*Buceros bicornis*）。虽然双
角犀鸟只是捕食一些小鸟或老鼠，但危险性随时存在，
每年都有冠斑犀鸟被捕食的情况发生。当有双角犀鸟靠
近巢时，帮手鸟会尖声鸣叫，向雄鸟和巢中的雌鸟发出
警报。这对雏鸟和亲鸟的安全十分重要。报警之后，当
天敌进入巢区或飞向洞口时，由于实力对比过于悬殊，
权衡利弊后，帮手鸟会选择立即逃跑，一是为了自身安
全；二是降低巢中母子危险的最后一个对策——引走敌
人。帮手鸟在生殖合作上的投入是非常大的。

　　雄鸟从帮手鸟处获得的收益是明显的。雄鸟是生殖
的保护者又是哺育者，繁殖的投资巨大。帮手鸟的协助
哺育，明显减轻了雄鸟在觅食和食物运送上的负担。雄
鸟尽管仍然担负着主要的喂食任务，但可以腾出充足的
时间进行觅食。除哺育压力得到减轻外，雄鸟还取得了

冠斑犀鸟在树上发出"嘎克——嘎克"的洪亮叫声（黄立春　摄）

与帮手鸟的伴侣权，无可非议，很可能也取得了交配权。这就同时增加了自身基因表达的概率，符合基因层次的广义适合度。

　　雄鸟默认帮手鸟的存在，但是雌鸟对帮手鸟的态度截然不同，它们之间可以说是性的利益冲突。雌鸟对帮手鸟的接受需要经历一段很长的时间。起初帮手鸟经常受到雌鸟的驱赶或攻击，但帮手鸟始终追随在它们夫妻的周围。整个繁殖季节，雌鸟对帮手鸟都是一种不接受的状态。但在封巢期间，雌鸟成为被动接受者，尽管它发现帮手鸟介入了它们的家庭，但由于受巢的限制，也无可奈何，只能默认帮手鸟的喂食。当雌鸟破巢后却又拒绝帮手鸟对幼鸟的喂食，并严格限制它靠近幼鸟。帮手鸟总是衔着食物徘徊在巢周围，每当有机会就飞向巢哺育幼鸟，这种过激行为往往招致雌鸟的驱赶和攻击。经过一年的磨合，下一年繁殖期间，雌鸟基本接受了帮手鸟的生殖合作，驱赶和攻击行为在整个季节几乎不会发生。繁殖期过后，雌鸟也常常与帮手鸟相处在一起，说明雌鸟已确定帮手鸟的帮手地位。换句话说，雌鸟从帮手鸟处获得的收益已大于帮手鸟从其地位中所取得的收益。雌鸟所获得的收益主要体现在帮手鸟对育雏的贡献，还表现在对亲鸟本身的安全等方面的贡献。但雌鸟可能由此失去配偶的专属权。

帮别人照看孩子，还要忍受别人的误解，甚至驱赶，帮手鸟究竟图的啥？

这还得从它们的社会竞争谈起。冠斑犀鸟种内，雌性竞争十分激烈，每年的繁殖季节都有冠斑犀鸟因为争夺配偶或相互之间的排斥而被啄死。争得雄鸟的保护对每个非生殖雌鸟的自身安全尤为重要。虽然帮手鸟要取得亲鸟的信任同样要付出相当大的代价，但是收益远远大于生命的毁灭。从另一个角度讲，争夺帮手地位就是争夺生存权。生殖合作的原因是多方面的，总的原因是涉及双方的利益，只有双方的利益都达到了最大化才会产生共鸣。在冠斑犀鸟的生殖合作行为机制中，主导因素可能是获得配偶概率受限制。

冠斑犀鸟雌雄比例严重失调，雌多雄少，加上它们是单配制鸟类，雌性个体争夺生殖权的竞争尤为激烈。意味着在这种条件下，有许多雌性个体在一生中没有获得生殖权的可能，因此，在稳定期争取成为生殖合作者是雌鸟间的最优抉择。一旦成为生殖帮手，就将有机会接触雄鸟，获得交配权。从帮手鸟与雄鸟和雌鸟没有亲缘关系却积极地哺育来看，可以认为冠斑犀鸟的生殖合作机制属于一种非亲缘的合作机制。

戴胜：难以评判的美鸟

唐代诗人贾岛《题戴胜》曰："星点花冠道士衣，紫阳宫女化身飞。能传上界春消息，若到蓬山莫放归。"古人给了戴胜这么一个耐人寻味的名字，精练却不为人们所熟知。此外，戴胜还有好多俗名，如山和尚、鸡冠鸟、花蒲扇、臭姑鸪、胡哱哱等。

戴胜（*Upupa epops*）属佛法僧目戴胜科戴胜属，体形纤长，体长 25 ～ 30 厘米，外形独特，拥有细长而微向下弯曲的喙，外披错落有致的羽衣。头、腹部是棕红色或浅粉红色的蓬松羽毛，翅膀和背上的羽毛则是黑白分明的横纹图案，当它展翅飞翔时可以清楚地看到贯穿双翅的四条白色横纹，展开的黑色尾羽上也会显露出一条宽宽的白色横纹。戴胜的头枕部长有数十根带有黑白色边缘的棕红色羽毛，收拢时与鸟类常见的羽冠并无特别之处，但当羽毛展开时，就像展开的羽扇。它的羽冠和它纤细的身体相比，看起来是如此宽大，堪称"鸟中之最"。

戴胜在我国分布广泛。在广西各地均有分布，多为冬候鸟，其中在广西南部地区有记录的为留鸟。与北方地区相比，戴胜在广西并不常见。

戴胜不但外形美丽，而且善于伪装。在树影斑驳的土地上踱步时，戴胜身上那些棕色的体羽及黑白相间的横纹，与土地和树影完美地融合在一起，仿佛穿了一件隐形衣。如果不是它走走停停地觅食，人们很难在一片草地中发现它。戴胜的叫声也非常迷人，繁殖期间，戴胜常常站在大树上发出清脆的"咻——呼咻——咻"三音节的响亮叫声，给山野之中增添了几分"鸟鸣山更幽"的意境。

戴胜是有名的食虫鸟，它的食物中88%是昆虫，在保护森林和农田方面起着较为重要的作用。它们大多单独（偶有成对）活动，有时在地面寻食，擅长用细长的喙部插进土里翻掘，啄食昆虫、蚯蚓等。受到惊吓时，它们立即飞向附近的高处，翱翔飞行的姿态很像一只只展翅的花蝴蝶，一起一伏呈波浪式前进，颇具风趣。

戴胜正用它那长长的喙夹住猎物，准备享用一顿美食大餐（黄立春　摄）

一只戴胜行走在草丛中，骄傲地展开宽大的羽冠，
展示自己独特的美（引自蒋爱伍《广西鸟类图鉴》）

在繁殖季节，戴胜会从肛门中喷射出一种黑色的液体，奇臭无比，粘到手上后臭味会保持好些天。这是戴胜用于保护自己和巢、卵、幼鸟的"化学武器"。戴胜不善做巢，只会在树洞、岩缝或墙窟窿中做窝。如果一时找不到适合的巢洞，也会占据啄木鸟的巢。仅凭实力打斗的话，戴胜肯定不是啄木鸟的对手。不过它有一种近乎无赖的办法，那就是趁啄木鸟不在的时候，将自己分泌的臭液射在啄木鸟的巢中，使啄木鸟不堪其臭，只好弃巢。于是戴胜乘虚而入，堂而皇之地入住啄木鸟的巢。

如果说靠臭液挤走啄木鸟是无赖行为的话，那么下面发生的事情就是生活习惯的问题了。孵出幼鸟后，戴胜也不清扫巢中幼鸟的粪便，而是任其在巢中堆积，臭气熏天。这可能也是戴胜保护雏鸟的一种策略。在动物界以腐肉为食物的动物毕竟是少数，因为腐烂的食物会滋生很多细菌。戴胜巢中恶臭的气味，或许可以起到迷惑天敌的作用，令一些天敌望而却步。

戴胜美丽的外形和独特的行为，或许验证了清代词人纳兰性德的名言："人生若只如初见，何事秋风悲画扇。"

戴胜把它细长的喙部插进土里翻掘，喙起一只藏在草丛中的昆虫（黄立春　摄）

涉禽：穿云涉水

"水鸟飞鸣自往还，苍然暝色暗林峦。"水鸟是湿地自然景观中一道亮丽的风景线，而涉禽是一类适应在沼泽和水边生活的水鸟，包括鹳形目、红鹳目、鹤形目和鸻形目的所有种类。涉禽最主要的特征就是"三长"：喙长、颈长、脚长，大多是从水底、污泥中或地面获得食物。广西拥有漫长的海岸线和众多的河流、湖泊，为涉禽的觅食、繁衍、越冬提供了绝佳的栖息地。

微信 / 抖音扫码

黑鹳：鸟中独行侠

黑鹳（*Ciconia nigra*）属鹳形目鹳科鹳属，为国家一级重点保护野生动物，是一种体态优美、体色鲜明的涉禽，体长约 105 厘米，其头、颈、胸和背部的羽色都呈黑色，颈部具绿色金属般的光泽，背部和肩部具紫色与青铜色光泽，上胸部呈紫色和绿色光泽，下胸、腹、两胁和尾下部等均为白色，喙和脚为红色。

黑鹳的分布范围十分广泛，但数量却非常稀少。黑鹳广泛分布于欧亚大陆和非洲，在我国繁殖于东北和华北地区，在长江以南地区越冬。在广西分布于柳州、南宁和北部湾沿岸，为罕见冬候鸟。据央视新闻客户端报道，2023 年 3 月 21 日，广西南宁市上林龙山自然保护区护林员在巡护监测过程中记录到 1 只东方白鹳和 3 只黑鹳。

黑鹳的栖息地一般是山区河谷针叶林或灌木阔叶林区，还有大型水库、河流和滩涂等。构成黑鹳稳定良好的繁殖栖息地的因素有三个方面：一是陡峭的山体；二是较少的人为干扰；三是清浅无污染的水域和丰富的水生动物。黑鹳的巢有崖壁巢和树干巢两种类型，其中崖壁巢建在河崖陡坡或山地悬崖上的凹陷台地上或浅洞中，巢呈浅盘状，巢基为黄土或硬岩。

黑鹳御风飞行，横过水面（黄立春　摄）

　　黑鹳以鱼类、蛙类、昆虫、甲壳动物为食，其中鱼类占90%以上，蛙类次之，偶见昆虫和少许夹带吃入的水草。它们对觅食生境要求严格，水质须清澈见底，只在水深低于40厘米的水域涉水捕鱼，水深了以后，黑鹳便失去了取食空间。

　　虽然体形较大，但是黑鹳的捕鱼水平实在不敢恭维。黑鹳捕鱼时，频频走动，扭身转颈，追赶啄取，甚至为保持身体平衡不时扇翼鼓翅，长喙在水中不停地移动。当鱼类受惊游动时，黑鹳迅速地用上下喙捉紧食物而吞食。黑鹳吃鱼时一般用上下喙快速地开合甩嘴，以调整鱼在嘴里的位置，方便鱼顺入口中（有时鱼会因此从嘴边脱落）。黑鹳吃螺时则连同壳一起吞入。这种捕鱼方式只能在鱼类甚多的水域处进行。

　　研究表明，黑鹳平均每小时进食20次，取食长度小于4厘米的鱼类最多，占取食总数的65%。黑鹳对食物的处理时间随着鱼类大小递增而逐渐延长，不过处理中等体型的鱼类用时最少，这应该与觅食地水深不超过40厘米有关。黑鹳能够清楚地看到受惊游动的鱼类，

黑鹳性孤独，常单独在水边浅水处或沼泽地上飞翔（黄立春　摄）

在处理时间与获得能量之间进行权衡，进而作出最优选择，但也不排除鱼类资源以中等大小者居多的可能。

那些捕鱼本领仍处于实习阶段的亚成体黑鹳，只能以水域附近草滩上大批出现的幼蛙为食。亚成体黑鹳在寻找和处理一般食物上花费的时间相对较长，表明年幼个体获得食物的能力较低，这可能是影响亚成体黑鹳越冬成活的关键。越冬黑鹳喜欢结小群或家族群活动，在觅食时更是如此，这有利于黑鹳少花时间审视觅食场所而有更多时间取食，也较易发现猛禽类天敌。但在集群和个体之间存在驱赶和抢食行为，这可能意味着它们来自不同的家族，如越冬黑颈鹤。虽然黑鹳捕猎能力有待提高，不过它们的防御能力却是一流的。

成体黑鹳那坚强的双翼及坚硬灵巧的长喙，使得许多猛禽望而却步。大型兽类也难以在开阔的水域地带接近停落的黑鹳。黑鹳幼鸟从能够在巢中站立时起，就具备了用喙猛烈而准确地啄击来犯者眼睛的本领。加上黑鹳巢址地势险峻，亲鸟护幼辛勤，因而其卵、雏损失率很低。尽管在黑鹳巢区内有金雕、鸢等猛禽和有偷食鸟卵习性的寒鸦、红嘴山鸦，但从未见到过猛禽袭击黑鹳雏鸟的现象，也未见到鸦类偷食黑鹳卵堆的情况。

　　由于黑鹳数量稀少，习惯独来独往，很少集群，且对环境的要求极高，因此保护起来非常困难。同时，黑鹳是重要的生态环境指示物种，因此有黑鹳栖息的地方，其可以从侧面反映当地的"绿水青山"的保护成效明显。

黑鹳在水边浅滩上寻找食物（蔡小琪　摄）

红颈瓣蹼鹬：一场误会

红颈瓣蹼鹬（*Phalaropus lobatus*）属鸻形目鹬科瓣蹼鹬属，是一种小型涉禽，体长约18厘米，因趾具瓣蹼而得名。瓣蹼在鹬类中比较少见，然而这样的结构可以让红颈瓣蹼鹬同时具备游禽和涉禽的优点，它既可以像雁鸭类一样在水中划水，也可以像其他鹬类一样在浅水中行走，可谓真正的水陆空三栖。

红颈瓣蹼鹬的喙较细且直，黑色。冬羽背部黑褐色，腹部白色，眼后具条状黑褐色斑块延至眼周，通常头顶黑褐色斑块明显。繁殖期羽色深，喉白，棕色的颈部上延至眼后成围兜，背部具金黄色斑。

红颈瓣蹼鹬虽不在我国繁殖，但其迁徙期途经我国大部分地区。在广西，红颈瓣蹼鹬见于北部湾沿海浅水区域，数量不多，多数为旅鸟，部分为冬候鸟。红颈瓣蹼鹬喜欢栖息在基质松软且水分含量较高、保持湿润或被水覆盖的湿地，这样的环境便于它用喙部在基质或浅水中觅食。

90%的鸟类实行一夫一妻制，和大多数鸟类不同，红颈瓣蹼鹬实行一妻多夫制。雌鸟身躯要比雄鸟高大强壮得多，羽毛的颜色也更加绚丽多彩。到了繁殖季节，雌鸟更是主动出击，"盛装打扮"，极尽炫耀之能事，以

红颈瓣蹼鹬用喙夹着食物凯旋而归（黄立春　摄）

使雄鸟动心。在有别的雌鸟与其"争风吃醋"时，它还会"大打出手"，进行一场激烈的"抢新郎"争斗。到最后，获胜的雌鸟便以胜利者的姿态，率领抢到手的"丈夫"们凯旋，在其早已占领的地盘内"安营扎寨"、欢度"蜜月"。在筑巢的艰苦劳动中，作为"新郎"的雄鸟们不停地飞来飞去，辛苦地衔回草根、草叶。而此时的"新娘"雌鸟却在一边袖手旁观，优哉游哉。尤其在产卵之后，雌鸟便"抛夫弃子"，远走高飞，另择

红颈瓣蹼鹬目不转睛盯着水面，随时准备对水中的猎物发起攻击（图虫·创意　提供）

"新欢"，由雄鸟承当全部孵卵、育雏的重任。

这主要是因为在红颈瓣蹼鹬生活的环境下，它的卵经常会受到捕食者的破坏和气候变化的影响，损失很大。为了弥补卵受到的突然损失，红颈瓣蹼鹬在产下第一窝卵之后，可以迅速补产第二窝。当然，这些卵都需要雄鸟来看护。由于雄鸟承担孵卵、育雏工作，雌鸟则从繁重的孵卵、育雏工作中"解放"出来，专职产卵，客观上就增加了产卵量。这是在长期的进化过程中所发展起来应对捕食者掠夺卵和幼雏的适应性能力。

红颈瓣蹼鹬主要生活在海洋湿地环境中，每年于4—5月、9—10月迁徙期路过中国。说到红颈瓣蹼鹬的迁徙之旅，堪称史诗级。2014年，英国皇家鸟类保护协会的科学家们使用一种地理定位装置追踪了红颈瓣蹼鹬的迁徙之旅，发现它们从苏格兰的费特勒岛出发，穿过大西洋到达美国东海岸，然后继续飞行经过加勒比海和墨西哥，最终到达秘鲁海岸越冬。来年春季，它会按照之前的路线返回费特勒岛。红颈瓣蹼鹬的整个迁徙路程达到1.6万千米，创下欧洲鸟类迁徙新纪录。

这种体形与八哥相当的鸟儿竟然可以实现这么长距离的迁徙，让人感到不可思议。在红颈瓣蹼鹬进行长距离迁徙的时候，沿海的滩涂成为其重要的中途停歇地，它们可以在那里进行休整以补充能量。尤其是我国的黄海、渤海北部区域，是鹬科鸟类的主要迁徙停歇地。因此，保护海洋滩涂成为保护红颈瓣蹼鹬及其他鹬科鸟类的关键措施。

红颈瓣蹼鹬在水中自由自在地游来游去（引自蒋爱伍《广西鸟类图鉴》）

彩鹬：一妻多夫

　　一般的鹬属于鸻形目鹬科，而彩鹬（*Rostratula benghalensis*）却独自一个科——彩鹬科，并且彩鹬科下只包含两个种，足见其非比寻常。彩鹬体长 25 厘米左右，喙细长，尖端向下弯曲。腿和脚呈黄绿色或灰绿色。雄鸟头部具淡黄色中央纹，胸侧至背部有一条白色宽带。雌鸟的头颈和胸部呈栗色，前额至头顶中央有一条黄色的冠形条纹，眼周白色。

　　从全球范围看，彩鹬分布很广，亚洲、欧洲、非洲及大洋洲都有它的踪迹。彩鹬在我国数量稀少，见于东北南部、华北和长江以南地区，在长江以北是夏候鸟，在长江以南是留鸟及冬候鸟。彩鹬在广西各地均有分布，但并不多见，为留鸟，部分为冬候鸟。

　　彩鹬虽然分布广泛，但是不易被发现。其中一个原因在于彩鹬比较警觉，主要活动在较低海拔植被覆盖较好的湿地、水苇丛、草地、稻田及城市公园水域，以昆虫、蛙和螺等小型动物为食。彩鹬白天隐匿于芦苇丛中活动，一般不出来，所以给外界的感觉是"养在深闺人未识"。

　　鸟类中一般雄鸟体色艳丽，雌鸟朴素低调，而彩鹬雄鸟的羽色缺少光泽，不如雌鸟的艳丽。雌鸟要比雄鸟

彩鹬夫妻（左雄右雌）一前一后行走在水边的草地上（引自蒋爱伍《广西鸟类图鉴》）

　　漂亮很多，而且体形比雄鸟大。这与雌鸟需要求偶炫耀的繁殖行为有关。雌鸟主动向雄鸟示爱，为了获得雄鸟的青睐，多抢几个"丈夫"，它得让自己保持艳丽的外表。繁殖期由雌鸟占域求偶，雌鸟在夜晚和晨昏会发出特殊的求偶叫声。

　　虽然彩鹬实行"一妻多夫"制，但是为了保证雄鸟有动力孵化自己的后代，雌鸟并不是同时拥有多个"丈夫"，而是在某一段时间内只与一只雄鸟保持"一夫一妻"的关系，雌鸟会依次与不同雄鸟交配后为它们各产

在滩涂上觅食的彩鹬（黄立春　摄）

一窝卵，这样雄鸟知道孩子们是自己的，更有意愿孵卵育雏。如果反过来，雌鸟同时拥有好多个"丈夫"，而这些"丈夫们"都不知道孩子是谁的，它们也就没有孵化、照顾后代的动力。

　　为了让雄鸟心甘情愿地独自抚养后代，雌鸟很有策略，它和一只雄鸟交配后几天都会形影不离。待雌鸟产下两枚卵后，雄鸟就开始孵卵了。雌鸟的"表演"还在继续，待到它产完第三枚卵后就开始渐渐疏远雄鸟，等到产完第四枚卵就离去，偶尔也会回来产第五枚卵。雌鸟离开后开始物色新的"丈夫"，留下雄鸟单独孵卵、育雏。

彩鹬爸爸是超级奶爸，独自抚养孩子长大。彩鹬属于早成鸟，出壳后就长有绒毛且能到处跑，还可以自己觅食。幼鸟长有保护色，浑身呈浅黄褐色，头上和身上有黑色纵纹。褪掉绒毛长出羽毛后，幼鸟与"爸爸"长相相似。当幼鸟遇到危险时，彩鹬爸爸会把宝宝们护在翅膀下和腹下。有意思的是，彩鹬幼鸟还会装死，当它感受到外界有危险时，就会一动不动，装死，且装得很像。和大多数鸟一样，彩鹬主要以昆虫、蟹、虾、蚯蚓、软体动物、螺等各种小型无脊椎动物和植物叶、芽、种子、谷物等植物性食物为食。

彩鹬是很好的环境指示动物，只有生态环境好、采食环境优的地方，彩鹬才会择居而栖。

这些"夫妻关系"不太一般的鸟类的共同特征是，卵经常因为捕食或气候反常遭受很大的损失。在这种背景下，生殖成功与否主要依赖于雌鸟。雌鸟一般具有迅速产出第二窝补偿卵的能力，甚至可以短期内多次产卵。对于这些雌鸟而言，转而寻找其他雄鸟迅速生下下一批后代有利于提高其生殖成功率。如果雌鸟选择离弃，雄鸟也选择离弃的话，生殖成功率就降低了，所以雄鸟只好留下来哺育，由此形成雄鸟负责哺育的一雌多雄制。这也是彩鹬为什么实行"一妻多夫"制的原因。

灰鹤：适应能力最强的鹤

灰鹤（*Grus grus*）是鹤形目鹤科鹤属，别名千岁鹤、玄鹤，为国家二级重点保护野生动物，体长1.2米左右，双翅展开可达2米，体重约5千克。通体灰色，头顶裸露呈朱红色，有稀疏的黑色短羽，两颊至侧颈为灰白色，喉、前颈及后颈为灰黑色，眼睛后面有一条白色条纹向后延伸至后枕，这条白色条纹是灰鹤区别于其他鹤类的显著标志之一。

在世界上15种鹤中，灰鹤分布最广、最常见。东起的东西伯利亚山地，西到伊比利亚半岛，北达白海沿岸，南抵东非大裂谷，都能见到灰鹤的身影。正是因为分布广，又比较常见，灰鹤被不同国家和地区的人们所熟知，在埃及的庙堂和史前洞穴壁画上留有灰鹤的形象，亚里士多德曾对灰鹤的迁徙、休憩、交尾、孵化等都进行了精确的记载。在我国，灰鹤繁殖于东北和西北地区，迁徙至南方地区越冬。在广西主要见于南宁和北部湾地区，种群数量较少，为罕见冬候鸟或旅鸟。

灰鹤具有极强的适应能力，对于栖息地环境不挑剔。据西南林业大学的刘强教授观察，灰鹤除夏季为了繁殖需要栖息于北方针叶林的沼泽中外，其他季节则出现在各种栖息地，如开阔的草地、沼泽、河滩、湖泊，

灰鹤群活动和觅食时，这只灰鹤在负责警戒（莫国巍　摄）

甚至是人类活动频繁的农田地带。灰鹤"住所"简单，吃饭也不"挑食"，为杂食性鸟类，其食谱多是荤素搭配。夏季为了保障小鹤的营养，多食动物性食物，如蜗牛、水生昆虫、蛙、蜥蜴、小鱼等；而到了冬季则以植物性食物为主，包括根、茎、叶、果实和种子等。在一些农耕地区，经常可以看到灰鹤悠然地在田间觅食，捡食作物收获后散落田间的玉米、荞麦、马铃薯等。

　　每年9月下旬至10月初，灰鹤开始从繁殖地向南迁徙越冬，翌年3—4月陆续离开。北戴河地区是我国灰鹤东部种群迁徙最重要的通道，最大过境数量为1500只。豫北庞寨乡黄河故道是迄今为止河南发现的最大的灰鹤越冬地，最多年份在千只以上。洛阳、郑州、开封的黄河湿地滩涂也是灰鹤的重要越冬地。发现灰鹤较集中的地区还有山西省河津市，辽宁省复州湾、葫芦岛，云南省拉市海高原湿地省级自然保护区，贵州

两只灰鹤一前一后在草地上闲庭信步（何启海　摄）

省草海国家级自然保护区，江西省鄱阳湖，上述地区灰鹤数量最多年份均在千只以上。相比之下，广西的灰鹤数量稀少，主要见于南宁和北部湾地区的湿地、滩涂等。

　　灰鹤在 4 月中旬开始筑巢，巢主要建在深水区的沼泽里或者明水区的小岛上。雌鹤与雄鹤共同参与筑巢，巢多为干苔草搭建的一个平台，中间略微凹陷。据科学家测量，灰鹤的巢平均直径 99 ～ 109 厘米，深 3.5 厘米，高出水面 14 厘米。除这些水中的巢外，灰鹤还会直接在岸上干草地上筑巢，岸上的巢更为简陋，灰鹤会直接利用地面植被搭建，甚至不需要专门准备筑巢材料。

　　筑完巢后，灰鹤于 4 月下旬开始产卵，5 月为产卵高峰期，每窝多为 2 ～ 3 枚卵，卵比较大，多为土灰色和土褐色，具有红褐色或者紫褐色斑纹，卵重 180 克左右。产卵后夫妻俩都参与孵化，每次孵卵换岗时夫妻双方很有仪式感，会彼此仰颈对鸣。在孵化期间，灰鹤的主要天敌为赤狐、狼、渡鸦。遇到天敌，双鹤都会发出鸣叫，展翅起飞或者俯冲以警告来犯者。经过 28 ～ 30 天的孵化，雏鸟便出壳了。灰鹤的雏鸟为早成鸟，出壳后第二天就可以离巢活动。出生不久的雏鸟通体驼色绒毛，腹部白色。55 日龄的灰鹤体重可达 2.3 千克，体长 70 厘米，但不会飞，要到 3 个月后才可以飞行。

成群的灰鹤在栖息地嬉戏（莫国魏　摄）

9 月，灰鹤开始南迁。灰鹤对于越冬地的选择，会考虑食物、隐蔽性、周围的干扰情况、水源等因素，其中最关键的因素是食物，然后是隐蔽性和周围的干扰情况，最后是水源问题。在越冬地，灰鹤时常几十只到数百只群集在一起。它们的活动是极有规律的，据科学家观察，灰鹤冬季的行为可以简单概括为"同睡不同吃"。所谓的"同睡"就是晚上集中在一起夜栖，这样做的好处很多，比如保存热量、及时发现天敌等。而"不同吃"指的是在白天四处散开，以小群的形式分散觅食，这样可以减少个体间的食物竞争并有效地利用周围资源。

苍鹭：捕鱼高手

苍鹭（*Ardea cinerea*）是鹳形目鹭科鹭属的鸟类，大型涉禽，体长约92厘米，其头、颈、脚和嘴均很长，因而身体显得细瘦。成鸟具黑色的羽冠和贯眼纹，颈部具黑色纵纹。体态优美，性情文静而有耐力，行动极为灵活敏捷，因有时站在一个地方等候猎物能长达数小时之久，故有"长脖老等"之称。一般人仅凭它的外表就给它贴上婀娜多姿、温文尔雅的标签。实际上苍鹭绝不像它表面看起来那么柔弱，它绝对是不折不扣的猛禽。

苍鹭在中国各地均有分布。在广西多数地区亦均有分布，较为常见，但种群数量不大，为冬候鸟或旅鸟。常成小群活动，栖息地为水较浅的水库、池塘和沿海滩涂，有时也到农田里活动。

每年的4—6月为苍鹭的繁殖期，它将巢建在水域的水草丛中或芦苇丛中，也有把巢建在水域附近的大树上。每窝产卵3～6枚，由雌雄亲鸟共同喂养。苍鹭的雏鸟经过40天左右才能离巢和飞翔。

振翅飞翔的苍鹭（黄立春　摄）

　　苍鹭主要以鱼、虾、蛙和其他小型动物为食，是动物界名副其实的捕鱼高手。捕鱼的时候，它站立在浅水中，或曲颈静等，或轻缓移步，待鱼游至身边时便快速伸颈啄取，几乎从不落空。

站在浅水中，成功捕食到一条小鱼的苍鹭（宁宇新　摄）

最让人称奇的是苍鹭的"钓鱼"本领。当苍鹭肚子饿的时候，便会在一片沼泽地的上空盘旋几圈，然后在岸边停下来，瞪着眼睛，注视水面。经过一段时间的观察以后，它便会飞到草丛里捉虫子，每捉到一条，它就飞回刚才观察的水域，把虫子丢进水里。然后再捉虫子，再投放……咦，苍鹭这是在喂养小鱼吗？

一只苍鹭于水边浅水处涉水，忽然便停下来，长时间在水边站立不动（黄立春　摄）

正是！苍鹭通过喂养小鱼，让小鱼扎堆哄抢食物。在反复投虫之后，一个可喜的现象发生了：许多小鱼在那片水域里扎堆，等待天空掉下来的免费午餐。这时，捕食时机成熟啦！苍鹭飞到岸边折一根草秆或者叼起一根羽毛，飞到水域上方，向下投去。小鱼以为又有吃的，便争先恐后抢夺，可草秆和羽毛坚硬，小鱼根本无法一口吞下。旁边的小鱼见状，赶忙上来哄抢。随着小鱼泛起的水花来回漂，最后加入抢夺的小鱼越来越多。

这时，苍鹭抬着瘦长的脚，从岸边悄悄地下水，静静地看着小鱼往那里扎堆，然后瞄准一条从它身边游过准备去抢食的小鱼，迅速将其叼住吞下。如此反复，几条小鱼下肚后，苍鹭吃饱了，便悄悄地上岸，轻轻地飞走。

苍鹭捕鱼有很多地方值得人类好好学习：它找准投虫的位置后不是瞬间起飞，而是先悄悄走到较远的地方观察，然后再起飞，等到小鱼互相争抢食物再飞过来捕食。这说明在很多时候，时机非常重要，我们需要学会耐心等待。

苍鹭吃饱后任凭小鱼怎么抢食草秆，它也会坚决飞走，毫不留恋。这是因为苍鹭不想让小鱼发现自己，以便于以后还能继续到这里捕鱼。当科学家把一只喂饱的苍鹭放在一片有许多小鱼的水池里后，发现苍鹭会千方百计逃离水池。

人类的智慧从何而来？有一点可以确定，不是天生的，而是在不断地探索自然、改造自然、适应自然的过程中总结积累的。那么谁是人类的老师呢？大自然的动物或许就是人类最好的老师。

游禽：游翔自如

　　"相近复相寻，山僧与水禽"，我国的先民很早就对水禽有了感性的认知。水禽包括涉禽和游禽，其中游禽包括雁形目、潜鸟目、䴙䴘目、鹱（hù）形目、鹈形目、鸥形目、企鹅目中的所有种类。游禽脚向后伸，趾间有蹼，有扁阔的喙或尖喙，善于游泳和飞翔，大多不善于在陆地上行走。广西的海滩、河流、湖泊、水库是这些游禽"安居乐业"之所。

中华秋沙鸭：鸭占鹰巢

在众多鸭科动物中，只有一种冠以"中华"之名，非常独特，它便是中华秋沙鸭（*Mergus squamatus*）。中华秋沙鸭属雁形目鸭科秋沙鸭属，体长 49～63 厘米，红色的喙长而窄，前端呈钩状，两肋处具黑色同心斑纹，身后部和两肋处还形成鳞片状斑纹，也因此叫作"鳞肋秋沙鸭"。雄鸟、雌鸟头上都长羽冠，雄鸟的黑色羽冠较长，雌鸟的则较短，且是深棕褐色。仅从外表来看，中华秋沙鸭并不出众。出众的是中华秋沙鸭的身世背景，它是国家一级重点保护野生动物，同时也是世界上最古老的鸭子之一，在地球上已生存 1000 多万年。

中华秋沙鸭是东北亚地区的特有水禽，分布区域狭窄，数量稀少。中华秋沙鸭的分布区域十分狭窄，主要繁殖地在我国的长白山、小兴安岭及俄罗斯远东地区的老龄天然杨树林中。越冬地在我国长江流域及东南沿海，大群较为集中的越冬地

中华秋沙鸭夫妻夫唱妇随，相伴出行（黄冬莹　摄）

在江西弋阳。中华秋沙鸭在广西各地均有分布，为冬候鸟，近年来观鸟爱好者在广西每年都能观察到 10～50 只，最大群体可达 18 只。中华秋沙鸭常成小群活动，栖息地为林区附近的水库和河流等。

中华秋沙鸭每年 3 月初至 4 月上旬迁到长白山繁殖地。它们在越冬地就有求偶行为，也有一些到繁殖地后再求偶。中华秋沙鸭在长白山地区的求偶与交配行为多出现在 4 月初至 4 月末。鸟类学家赵正阶对中华秋沙鸭的交配行为进行了详细的观察、记录。

雄鸟先在雌鸟面前兴奋地来回游弋，有时举头张喙，将头向后拉，有时又将头沉入水中，然后身子从水中跃出，不停地扇动两翅，然后再游到雌鸟前面，反复做出上述求偶炫耀表演。如果雌鸟接受雄鸟的求爱，则从后面跟上来，用喙咬雄鸟的右翅膀基部，雄鸟立刻扭转头与雌鸟做出咬喙等亲昵动作。这一动作完成后，雌鸟立刻游向前面，然后转身扭头，再次用喙咬雄鸟的右翅膀基部，接着再游向前面。雄鸟立刻咬住雌鸟的腰部羽毛，上到雌鸟背上，然后咬住雌鸟的头部羽毛进行交尾。求偶交配期间，也不总是那么顺利。雄鸟之间也发生争偶现象，目的是争夺对雌鸟的占有交配权。争偶时两只雄鸟在水中竖直身体，拍打着翅膀，彼此猛烈地冲向对方，用喙撕咬和用翅膀拍打。经过一番争斗，失败的雄鸟被迫逃离，而获胜的雄鸟则和雌鸟结成繁殖对。

中华秋沙鸭配对后就开始寻找巢穴，它们对营巢树种的选择并不严格，榆树、杨树腐烂的树洞都可以做巢。不过这样的树洞也是一些鸟类如鸮形目猛禽的理想筑巢地，因此与其存在竞争。巢与巢位的选定取决于雌

中华秋沙鸭群在岸边休憩（莫国魏　摄）

鸟，但寻找巢洞常常是在雄鸟的伴随下进行。在 4 月初结对之后，雌鸟和雄鸟即经常出现在河流两岸的老龄树木间寻找适宜的天然树洞。有时雄鸟在前寻找，雌鸟紧随其后，雄鸟找到适宜的树洞后雌鸟再进入洞中察看，雄鸟则在一旁守候。如不满意，再继续找。在选择树洞时，雌鸟警觉性很高，如发现有人在偷看，它常常不进洞，或进入附近并不是巢的树洞给人以假象，这显然是为了保护巢。中华秋沙鸭的雏鸭在刚刚孵化出来的一两天之内需要从树洞里跳出来，然后快速进入水中，因此中华秋沙鸭选择距离水体较近的树营巢。

中华秋沙鸭对巢的底端不加修葺，直接将卵产在树洞底部。选好巢后，雌鸟开始产卵，通常一天一枚，每窝产卵 8～14 枚，以 10 枚居多。卵呈卵圆形，白色，光滑无斑。雌鸟在产完最后一枚卵后即开始孵卵，而雄鸟在雌鸟孵卵期间则很少出现在巢区。它通常在完成交配任务后即离开雌鸟单独活动，不参与孵卵和育雏。孵卵和育雏全由雌鸟独自承担。孵卵时雌鸟常将卵整齐地排列成层，然后再伏卧其上，四周围以绒羽。当雌鸟离巢时则用绒羽将卵严密地盖住。孵化期间雌鸟一般每日离巢捕食 2～3 次，每次离巢 50～70 分钟。孵化期为 28 天左右，雏鸭破壳后，雌鸟用喙将卵壳的坚硬部分啄

碎，未见清理余下的软膜，偶见雌鸟为雏鸭理羽。刚出壳的雏鸭多动，喜模仿亲鸟理羽、相互叼啄、扇翅、相互倾轧、钻入亲鸟体下休憩等。雏鸭为早成鸟，在巢待24～28小时后即可离巢，离巢时亲鸟先飞出巢洞，随后雏鸭陆续跳出，由亲鸟带领进入河中游泳。

中华秋沙鸭分布的区域水质清澈，水流急缓结合，它在急流下面的缓水区取食，在急流处嬉戏及游泳，多在突出的石块上休憩等。中华秋沙鸭无论繁殖还是越冬，对环境的要求都非常苛刻，因而适宜的生境很少。近年来随着广西生态环境的改善，越来越多的中华秋沙鸭在广西境内越冬。

在水中巡游的中华秋沙鸭（莫国魏　摄）

鸳鸯：曾经是兄弟的象征

鸳鸯（*Aix galericulata*）属雁形目鸭科鸳鸯属。作为一种观赏性水鸟，鸳鸯最早见于《诗经·小雅》："鸳鸯于飞，毕之罗之。君子万年，福禄宜之。"《小雅》成书于春秋时期，那个时期劳动人民就有对鸳鸯的描述。时至今日，我国文化中的鸳鸯依旧在流传，自然界中的鸳鸯也生生不息。

鸳鸯是雁形目鸭科鸳鸯属动物，鸳鸯除拥有独特的中文名字外，还拥有霸气的英文名 *mandarin duck*，意为中国官鸭。鸳鸯是国家二级重点保护野生动物。雄鸟被公认为鸭类中最美丽的种类。繁殖期间的雄鸟，体羽异常鲜艳华丽，头部具闪耀的红、绿、紫、白等色的羽冠，喙红色，色彩和谐又绚丽。翅膀上生出一对栗黄色的扇状翼羽，直立如帆，在鸟类中独树一帜。与雄鸟相比，雌鸟就大为逊色了，不仅个体略小，羽色也以灰褐色为主，平淡无奇，眼周白色，具标志性白色眉纹。

我国境内的鸳鸯，在东北地区繁殖，在长江中下游地区越冬，迁徙的时候途经黄河中下游地区。在广西为偶见冬候鸟，部分个体在广西西北部和东北部繁殖，估计为留鸟。鸳鸯常成对或成小群活动，栖息地为大型湖泊、水库和河流等，偶尔也到居民区活动。

比翼双飞的鸳鸯（黄立春　摄）

　　如今鸳鸯被当作是爱情的代表，其实在历史上有一段时间它们是兄弟的象征。汉朝的苏武（公元前140—前60年）认为鸳鸯是兄弟，他在出使匈奴告别兄弟的诗中，首次将鸳鸯比作兄弟。诗中有"昔为鸳和鸯，今为参与辰"的表述。到了魏晋时期，文人几乎一边倒，说鸳鸯就是兄弟的象征。魏人嵇康在《四言赠兄秀才入军诗》之一中写道："鸳鸯于飞，肃肃其羽。朝游高原，夕宿兰渚。邕邕和鸣，顾眄俦侣。俯仰慷慨，优游容与。"这首诗是用鸳鸯来比喻兄弟和睦友好的。

　　到了唐朝之后，鸳鸯才由兄弟的象征成为夫妻的象

鸳鸯喜水，经常在深水潭中游泳嬉戏。它们成群地下水，
兴高采烈地游弋、追逐（引自蒋爱伍《广西鸟类图鉴》）

征。"得成比目何辞死，愿作鸳鸯不羡仙。"唐朝诗人卢照邻在《长安古意》中把一对情侣的情切切意绵绵刻画得淋漓尽致。

那么现实自然界中鸳鸯可否代表爱情呢？它们是否忠贞不渝呢？这还要看繁殖期雄鸟和雌鸟的表现。

夏天是鸳鸯的繁殖季节，雄鸟漂亮的外表能引起雌鸟的注意。为了赢得异性的青睐，此时的雄鸟变得异常美丽，翅膀上长出一对栗黄色扇状直立羽，像帆一样立于后背，因此又称为帆羽，形状奇特，优雅美丽。交配活动开始前，雌雄鸟在水中游泳，双方频繁曲颈点头，雄鸟竖立头部冠羽，伸直颈部，头不停摆动，然后雌雄

鸳鸯雄鸟正昂首阔步地走在浅滩上（赵序茅　摄）

鸟一起游泳，突然雌鸟疾速游向前方，不断地抬起尾部。这时雄鸟从后面跃伏在雌鸟背上，用嘴衔着雌鸟的头部进行交配，交配持续2～3秒，然后各自整理羽毛，但不久反复进行3～4次交配。交配时间大多在清晨。

别的鸟儿求偶的过程都很难看到。鸳鸯这么高调地交配，想让人不发现都难。这就是古代文人把鸳鸯作为爱情象征的一个重要原因。只不过，我们只看到鸳鸯高调炫耀恩爱，却没看见它们背后的付出与辛酸。

鸳鸯属于树鸭类，除在水中活动外，在树上也能行动自如。其繁殖习性也独树一帜，与其他水禽不同。鸳鸯喜欢将巢筑于高大的树上，利用天然树洞或其他动物繁殖后留下来的树洞作为巢。它就地取材，筑巢的材料比较简单，有木屑就用木屑，没有木屑也不会刻意去寻找。筑巢的任务由雌鸟承担，巢为浅杯状，材料由一些枯树枝、树叶、绒草及羽毛组成。

都说婚姻是爱情的坟墓，对鸳鸯而言同样如此。一旦"结婚"之后，就连筑巢的任务也是由雌鸟承担，这还仅仅是开始。孵卵是在产卵结束后开始的，之后的一切工作全部由雌鸟承担，孵卵期为28～30天。鸳鸯属早成鸟，雏鸟出壳后即全身长满羽毛，眼已睁开，并能行动，一般在巢中停留1～2天即可出巢。出巢后随亲鸟开始觅食、游泳和潜水。

不过，雌鸟的辛苦付出，文人墨客是看不见的。还有，繁殖期间雄鸟经常搞"婚外情"，这些只能用分子生物学的方法才能发现。所以我们不能以现代动物学家的眼光，去审视古代的文人。

斑嘴鸭：凫鹥在泾

斑嘴鸭（*Anas zonorhyncha*）属雁形目鸭科鸭属。斑嘴鸭，顾名思义，因其嘴巴特点而得名，它的喙黑而喙端黄，繁殖期黄色喙端顶尖有一黑点，如同花斑。除嘴巴的特征外，外形上斑嘴鸭和普通的家鸭非常相似。此外，它还有一个文雅的名字叫夏凫。

斑嘴鸭在我国北方地区繁殖，在南方地区越冬。广西各地均有分布，为冬候鸟。斑嘴鸭虽然是野鸭，但是很常见，它们主要栖息在内陆各类大小湖泊、水库、江河、河口、水塘、沙洲和沼泽地带，常成群活动。

民间有谚语"鸭子吃蜗牛——食而不知其味"，形象地说出了鸭子吃东西的特点。斑嘴鸭没有牙齿，仅有少数用于过滤水的齿状喙，它们以水生植物的叶、嫩芽、茎、根和松藻、浮藻等为食，也吃昆虫、软体动物等。

和大多数鸭子一样，斑嘴鸭虽然名义上是实行一夫一妻制，但多是露水夫妻，一年换一次配偶。有时候，繁殖期一只雄鸟可以和十几只雌鸟交配。斑嘴鸭的繁殖期为4—7月，营巢于湖泊、河流等水域岸边草丛中或芦苇丛中。巢主要由草茎和草叶构成。产卵开始后雌鸟从自己身上拔下绒羽垫于巢的四周，甚为精致。每窝产卵8～14枚。

斑嘴鸭站立在水边休憩（赵波　摄）

斑嘴鸭夫妻同飞于迁徙途中（黄立春　摄）

斑嘴鸭夫妻在水中嬉戏、觅食（黄立春　摄）

科学家发现，雌鸟晒太阳有利于其产卵。怪不得《诗经》中有"凫鹥在沙"的描述，原来在繁殖期，很多野鸭类待在河边，或在小岛上晒太阳，是为了多产卵。孵卵由雌鸟承担，直到雏鸭快孵出来，雌鸟都不会轻易离开巢穴。反观雄鸟不仅不负责，还会在雌鸟孵卵的时候出去"鬼混"——寻找同性或者异性朋友。在鸭群里，"同性恋"的比例是非常高的，接近 20%。

斑嘴鸭的孵化期为 24 ～ 25 天，雏鸭临出壳的时候，会发出细微的叫声。卵内雏鸭会花费 1 ～ 3 小时在卵的钝端啄破一小孔，然后休息一下，紧接着，再次啄壳，直到啄破第一片卵壳。不过，此时革命尚未成功，雏鸭仍需努力，它会继续按逆时针方向将破孔逐渐扩展。卵壳破开 2/3 后，雏鸭的颈、腿同时用力顶开卵壳，尽力向前爬行直至全部脱离卵壳为止。整个破壳过程需要 10 多个小时。刚出壳的雏鸭不能抬头和站立，24 小时后开始进食。雏鸭早成性，出壳后不久即能游泳和跟随亲鸟活动与取食。待到 9 月，雏鸭随着大群一起迁徙到越冬地。

斑嘴鸭也是中国家鸭的祖先之一。曾经野生种群极为丰富，曾是我国传统狩猎鸟类之一，由于过度猎取，斑嘴鸭种群数量日趋减少，亟须保护。

普通鸬鹚：围猎捕鱼

普通鸬鹚（*Phalacrocorax carbo*）属鹳形目鸬鹚科鸬鹚属，又名水老鸦、鱼鹰等，体长 72 ～ 90 厘米，通体黑色，头、颈、肩和翼具绿褐色金属光泽，颊部和喉部白色，喙厚重，尖端呈钩状，雌雄同色。早在几千年前，我国就有利用驯化的鸬鹚捕鱼的历史了。《尔雅》《异物志》等书中，就有鸬鹚捕鱼的记载。

普通鸬鹚是一种世界性水禽，除南极和北极外，到处都有它的足迹。普通鸬鹚繁殖于我国北方地区，在南方地区越冬。广西各地水域均有分布，主要为冬候鸟，也有部分为留鸟。广西有些地方将普通鸬鹚驯化用以捕鱼，其中以漓江流域最为知名。

普通鸬鹚喜温暖湿润气候，栖息于河川、湖泊及滨海地区，在高大树干、沼泽芦苇丛或近水峭壁上筑巢，常三五结群在水面游弋。普通鸬鹚胆大不怕人，人工驯化并不困难。渔民给它可口的食物，与它培养感情，日子一久，它就舍不得离开了，接下来渔民就可以开始训练它下水捕鱼。一个月后，经过严格训练的普通鸬鹚，已经习惯替渔民捕鱼的生活。利用普通鸬鹚捕鱼的时候，关键是让它饿，这是它捕鱼的原始动力。每当普通鸬鹚捕上来一条大鱼，便奖励它一条小鱼，既让它保持

独立枝头的普通鸬鹚（引自蒋爱伍《广西鸟类图鉴》）

振翅飞行的普通鸬鹚（引自蒋爱伍《广西鸟类图鉴》）

足够的体力，又不能一次喂饱。一旦普通鸬鹚吃饱了，就会自由散漫，眼看鱼从身边游过，它也懒得伸嘴。普通鸬鹚口腔里没有牙齿，咽喉和食管能够极度扩张，食管前端有一个膨大的喉囊，可以贮藏捕捉到的鱼。对驯养过的捕鱼普通鸬鹚，渔民常常要用适当大小的草圈套在其颈间，以防止它吞食大鱼。

普通鸬鹚捕鱼依赖三件法宝：其一，它的上喙端钩曲而尖，像一把锋利的夹刀，被钳住的鱼儿一般无法逃脱；其二，它有 4 个脚趾，脚趾之间有一个完整的蹼膜，有利于划游；其三，它的视觉和听觉非常敏锐，10 米以内的水下，只要有鱼儿在游动，鸬鹚就能以迅雷不及掩耳之势，将其捕到。怪不得俗话说："鱼见鸬鹚骨也软。"即便在水混浊不清、视觉很难发挥作用时，普通鸬鹚也可凭借发达的听觉来进行捕鱼。

这三件法宝能力的发挥，还需要借助普通鸬鹚精湛的潜水技术。普通鸬鹚的汆水本领很高明，一次潜入水中可持续 30～40 秒，有时甚至达 70 秒之久。针对不同的情况，普通鸬鹚还有几种本领可以施展。面对小鱼群，普通鸬鹚独自下水时，浑身缩得只有雀鹰大，在水中犹如一只行动自如的小快艇。鱼发现普通鸬鹚后，纷纷被吓得丢魂失魄，慌不择路地乱钻一气，普通鸬鹚则胸有成竹地将它们一条条捕捉。遇上大鱼群时，普通鸬鹚并不急于捕捉，而是先绕鱼群一周，随鱼群游走几十米甚至上百米。在游走途中，普通鸬鹚寻找时机，悄悄地把最后面的鱼狠狠咬上一口，这时受伤的鱼负痛向鱼群中乱钻，不一会儿就打乱了阵脚，这时普通鸬鹚对群鱼各条击破，直到大获全胜。

捕鱼成功的普通鸬鹚正奋力拍打翅膀，把猎物带出水面（黄立春　摄）

前面几项本领固然高超，配合也甚是精湛，不过要说鸬鹚的看家本领还得是集体围猎。尤其是当遇到二三十斤重的大鱼，自己力不从心时，普通鸬鹚便会发出求援的信号，邀请同伴一起捕捉，它们有的咬鱼头，有的咬鱼鳍，有的咬鱼鳃，一起把鱼抬出水面。

不过普通鸬鹚也有身体缺陷。大多数水鸟有尾脂腺分泌油脂在羽毛上用来防水，但普通鸬鹚缺少尾脂腺，它们的羽毛防水性差，身体很容易被水浸湿，所以不能长时间待在水里。每次捕鱼后，鸬鹚要飞到岸上晒太阳。待羽毛晾干，它们才会回到水中再次捕鱼。

棉凫：世上最小的鸭子

棉凫（*Nettapus coromandelianus*）是雁形目鸭科棉凫属鸟类，俗称棉花小鸭、小白鸭子、棉鸭等，是鸭科鸟类中较为娇小的种类，头圆，脚短，喙像鹅喙，因其远看像一团棉球而得名。成鸟体长30厘米左右，体重200～300克，被称为"最小的鸭子"。

雄鸟繁殖时毛色泛黑绿色光泽，头颈及胸、腹部主要呈白色，双翼呈绿色并有白带。雌鸟羽色较淡，具白

棉凫潜水后浮出水面，奋力拍打翅膀，甩干身上的水份（黄立春　摄）

棉兔奋力飞行，离开水面，身后溅起一路水花（黄立春 摄）

色眉纹和黑色的贯眼纹。因此,它们经常被合称为"白马王子与灰姑娘的故事"。

棉凫主要分布在印度、巴基斯坦、澳大利亚以及东南亚,在我国数量稀少,数量不超过 2000 只,主要分布在长江中下游地区,属国家二级重点保护野生动物。棉凫在长江以南地区繁殖。在广西见于桂林和南部各县(区),为留鸟或夏候鸟。

棉凫对水环境要求极高,常栖息在江河、湖泊、水塘和沼泽地带,特别是富有水生植物的开阔水域,主要以水生植物和陆生植物的嫩芽、嫩叶、根茎等为食,也吃水生昆虫、蠕虫、蜗牛、软体动物和小鱼等。

棉凫筑巢在距水域不远的树洞里,每窝产卵 8～15 枚。它们主要生活在各种淡水生境中,通常不高飞,两翅扇动幅度小,飞行距离不远,但飞行速度较快,主要在白天活动,夜晚多栖息于湖中或树枝上。

小棉凫出生后就可以跟着妈妈外出觅食,一般会选择早晨和傍晚外出觅食。外出和游泳的时候,小棉凫们跟在妈妈屁股后面排成"一"字,井然有序。小棉凫们的队形特别有学问,它们在水中前行的时候会产生阻力,游得越快阻力越大,而藏在妈妈的屁股后面就可以有效减少阻力。妈妈在前面游泳的时候后面会产生波纹,跟在后面的小棉凫们前半身处于波谷,后半身处于波峰,这样波浪的力就与前进的方向保持了一致,从而推动小棉凫们前进。

当然棉凫不懂物理,它们这种本领是天生的,就像它们会飞翔一样。这也是大自然的精妙之处。

从 2020 年起,有一只棉凫连续三年都飞到广西大学

棉凫正在水上呼叫同伴（引自蒋爱伍《广西鸟类图鉴》）

碧云湖。有鸟类爱好者描述："每年迁徙季节，棉凫都有一些过境记录，在南宁某些水域停留的时间久一些，广西大学这只棉凫待的时间跨越了整个冬季，直到次年 3 月才北上。但每种鸟儿都有各自的习性，不同个体待的时间也有所差异。有的不准备在南宁越冬，路过停留几天，有的则打算在南宁越冬，来了就不一定继续南下了。"

　　棉凫的到来不仅成为南宁冬季的一道风景，也是对近年来广西开展的生态文明建设的积极回应。广西坚持开展生态移民、环湖小微湿地、智慧湿地等生态工程建设，湖区水质长期清澈，生物多样性得到大幅提升，吸引众多珍稀鸟类在此栖息、觅食。同时自然保护区、科研机构、民间环保组织和民众也在开展形式多样的生态监测、鸟类调查巡护、栖息地修复、自然教育等活动，大家都在为创建广西候鸟家园"保驾护航"，广西生态环境也因此变得越来越好。

后记

广西独特的地理位置孕了育丰富多样的物种，这也为鸟类的繁殖和生长提供了充足的食物，因此广西拥有的鸟类种类数量位居全国第三，是鸟类理想的栖息地。我在攻读硕士研究生期间，曾从事有关鸟类方面的研究，出版了《鸟国》《神雕迷踪》《西域寻金雕》《神奇的鸟类》等图书，和鸟类结下了不解之缘。

在本书的撰写过程中，广西师范大学生命科学学院的诸位同仁提供了莫大的帮助，孙涛、林建忠全程参与策划和统筹，在定下写作提纲后，我们创作团队进行了详细的分工，孙涛负责戴胜、黑鹳、红颈瓣蹼鹬，林建忠负责彩鹮、灰鹤、苍鹭，范鹏来负责冠斑犀鸟，周岐海负责棉凫，郑里华负责中华秋沙鸭，武正军负责灰头绿啄木鸟，刘若爽负责斑嘴鸭，邹同祥负责普通鸬鹚，于浩龙负责鸳鸯，其他物种则由我来负责。大家秉持着严肃认真的科学家精神、实事求是的创作态度进行创作，在大家的通力配合下，保证了本书能如期完成创作并顺利出版，在此一并感谢老师们的辛勤付出。

囿于认识与时间，书中如有不足之处，还请各位读者批评指正。

赵序茅

2023 年 6 月